Sylvia Esch-Völkel

Kräutertees für Hunde

Sylvia Esch-Völkel

Kräutertees für Hunde

Kalidor-Verlag

Sylvia Esch-Völkel
Kräutertees für Hunde
ISBN: 978-3-937817-22-4
1. Auflage, Schönefeld 2018

Copyright Kalidor-Verlag
12529 Schönefeld OT Großziethen

Von Sylvia Esch-Völkel im Kalidor-Verlag u. a. erschienen:
»Buntes für den Hund« | ISBN: 978-3-937817-15-6
»Hunde – Mit Farben heilen« | ISBN: 978-3-937817-05-7

Inhalt

Einleitung

Kräuter stehen wohl für die älteste Medizinform. Der ›Mann vom Tisenjoch‹, eine etwa 5300 Jahre alte Gletschermumie, auch als Ötzi bekannt, führte Birkensporlinge vermutlich als Heilmittel mit sich. Birkensporlinge sind Pilze, welche bei Magen-Darm-Beschwerden helfen. In babylonischen, altägyptischen, indischen und auch chinesischen Schriftstücken tauchen immer wieder Hinweise dazu auf, wie Pflanzen medizinisch verwendet und angebaut werden. »Papyrus Ebers«, eines der ältesten medizinischen Schriftstücke, das 1550 und 1525 vor Christus verfasst wurde, beweist dies. Das Schriftstück befindet sich derzeit in der Universitätsbibliothek in Leipzig.

Im Jahr 3000 vor Christus entstand das wohl älteste Kräuterbuch der Welt. Vom chinesischen Kaiser und Arzt Shen Nung wurde es verfasst. Es beinhaltet 365 pflanzliche Präparate, welche er untersucht hat.

Um Krankheiten zu heilen, machten sich also die Menschen seit Urzeiten die Heilkräfte der Pflanzen zunutze. Tiere handeln instinktiv. Das, was sie benötigen, um Selbstheilungskräfte anzuregen, holen sie sich aus der Natur, sofern Sie dazu in der Lage sind. Hunde, die nur an der Leine Gassi geführt werden oder in einer Großstadt leben, haben nicht die Möglichkeit, ihren natürlichen Instinkten nachzugehen, da sind wir Menschen gefragt.

Das Interesse an Pflanzen und deren Heilungsmöglichkeiten bei Hunden ist seit dem Barf-Interesse gestiegen. Kräuter werden gerne dem Futter beigemischt. Leider wird oft vergessen, dass wir es bei Kräutern mit Drogen zu tun haben, die auch Nebenwirkungen verursachen können, wenn zu viel oder über einen zu langen Zeitraum dieselben verfuttert werden. Abwechslung ist immer noch die beste Methode, Ihren Hund gesund zu erhalten. Dieses hat mich auch dazu bewogen, dieses Buch zu schreiben. Außerdem haben Sie die Möglichkeit, mit Tees, Basistees oder Mischungen mit weiteren Inhaltsstoffen zu arbeiten, die durch den Zubereitungsprozess freigesetzt werden.

Nicht nur die Auswahl der richtigen Kräuter bei den verschiedenen Beschwerden ist wichtig, sondern auch das Wasser! Einige Städte beziehen ihr Gebrauchswasser aus verschiedenen Quellen, sodass es selbst innerhalb einer Stadt zu unterschiedlichen Qualitäten kommen kann. Am sichersten ist, Sie lassen Ihr Wasser einmal untersuchen. Gebrauchswasser ist kein Trinkwasser.

Wasser ist die Grundlage allen Lebens. Es regelt viele Abläufe im Organismus, vom Stoffwechsel über die Regulierung der Körpertemperatur bis zum Säure-Basen-Haushalt. Deshalb ist es für Gesundheit und Vitalität sehr wichtig, für eine optimale Wasserqualität im Körper des Hundes zu sorgen. Es hilft bei der Entsäuerung, Entgiftung und Entschlackung. Trinkwasser sollte möglichst wenige Inhaltsstoffe haben. Nur so kann es seine Aufgabe als Reinigungs- und Transportmittel optimal erfüllen. Daher rate ich, in jedem Haushalt eine Trinkwasseraufbereitung durch eine Umkehrosmose anzubringen.

Die wichtigsten pflanzlichen Wirkstoffe

Jede Pflanze enthält wichtige Inhaltstoffe. Bei den sogenannten Heilkräutern werden diese in Wirkstoffgruppen zusammengefasst wie: Ätherische Öle, Alkaloide, Bitterstoffe, Flavonoide, Gerbstoffe, Glykoside, Kieselsäure, Phytohormone, Saponine, Polysacharide (Schleimstoffe), Vitamine, Mineralstoffe und Spurenelemente.

Alkaloide (= stickstoffhaltige alkaliähnliche, stark, aber selektiv auf bestimmte ZNS-Anteile wirkende organische Stoffe) – einige wichtige Gruppen sind die Pyridin- und Piperidingruppen, Chinolisin-, Tropan, Chinolin-, Borchinolin-, Indol- und Puringruppe. Sie gehören zu den wirksamsten Stoffen in der Pflanzenheilkunde. Sie beeinflussen unter anderem das Nervensystem, die Muskelbewegungen im Darm und der Gebärmutter, regeln den Gallenfluss.

Vorsicht! Die Anwendung stark alkaloidhaltiger Pflanzen ist nur von Fachleuten auszuüben, da diese stark giftig sind.

Ätherisches Öl – Jedes ätherische Öl besitzt sehr viele Einzelstoffe, welche entzündungshemmend, blähungstreibend, auswurffördernd, harntreibend, krampflösend, organkräftigend und schleimlösend wirken. Das Öl wird in den sogenannten Öldrüsen einer Pflanze produziert und in spezifischen Zellen oder Gängen eingelagert. Es besitzt einen überwiegend angenehmen Geruch. Es ist gut fettlöslich, jedoch fast unlöslich in Wasser.

Bitterstoffe fördern die Magen- und Gallensaftsekretion, der Appetit wird angeregt, die Verdauung gefördert und Fäulnis- und Gärungsprozesse werden verhindert oder beseitigt. Außerdem kräftigen sie im Allgemeinen den Organismus und helfen bei der Gewichtsreduktion. Einige Bitterstoffe können krankmachende Keime wie Bakterien und Pilze bekämpfen, außerdem wirken sie blutdrucksenkend und können die Insulinproduktion unterstützen. Mit dem Begriff ›Bitterstoffe‹ werden Pflanzeninhaltsstoffe mit bitterem Geschmack bezeichnet. Würde man Bitterstoffe chemisch betrachten, würden wir sie unter folgenden Stoffgruppen wiederfinden: den Glykosiden, Isoprenoiden und den Alkaloiden.

Flavonoide – Bei den Flavonoiden handelt es sich um Antioxidantien, die als Polyphenole bekannt sind. Namensgebend ist der gelbe Farbstoff vieler Flavonoidpflanzen (flavus = gelb). Sie spielen nicht nur in der Gesunderhaltung eine große Rolle, sondern wirken positiv auf das Herz-Kreislauf-System und bauen Gewebe ab, das durch Krankheitserreger angegriffen wurde. Ebenso unterstützen sie die Leberfunktion, sind entzündungshemmend und erweitern die Nierengefäße. Flavonoide sind auf dem Gerüst des Flavon-Moleküls aufgebaut und spielen eine Rolle bei der Pigmentierung. Das Flavon-Molekül tritt dabei in verschiedenen Größen auf und beinhaltet Neoflavonoide und Isoflavonoide.

Gerbstoffe werden hauptsächlich bei Darmkatarrhen eingesetzt. Sie beruhigen und schützen die Haut und Schleimhäute, wirken entzündungshemmend, antibakteriell, antiviral, zusammenziehend und neutralisieren Gifte. Gerbstoffe kommen in den meisten Pflanzen vor, dennoch sollte man sie sanft einsetzen, da ein ›Zuviel‹ an Gerbstoffen die Aufnahme von Vitaminen und Mineralstoffen einschränken und die Verwertung von Eiweißen aus der Nahrung hemmen könnte.

Glykoside (= Verbindung einer Zuckerart mit einem anderen organischen Stoff) – unterteilt man in die Hauptgruppen Phenolglykoside, Flavonoidglykoside, Anthraglykoside, Kumaringlykoside, herzwirksame Glykoside, Saponinglykoside, Iridoide Glykoside, Zyanogenglykoside und Thrioglykoside. Glykoside dienen der Pflanze zur Abwehr von Fressfeinden. Einige werden hauptsächlich bei einer Herzschwäche eingesetzt und wenn das Immunsystem Hilfe benötigt.

Kieselsäure – In reiner Form kommt Silicium in freier Natur niemals vor, sondern in Verbindung mit Sauerstoff als Siliciumdioxid. Die Verbindung von Silicium mit Wasser nennt sich wiederum Kieselsäure. Pflanzen nehmen diesen Wirkstoff aus dem Boden auf und lagern ihn in ihren Zellen und Zellmembranen ab. Dieser sorgt für Festigkeit und Elastizität. Ein Defizit macht sich insbesondere im Bindegewebe sowie an Haut, Haaren und Nägeln bemerkbar.

Phytohormone werden nur in geringen Mengen gebildet, kommen jedoch in zahlreichen höher entwickelten Pflanzen vor. Sie sind biochemisch wirkende, pflanzeneigene organische Verbindungen, die als primäre Botenstoffe Entwicklung und Wachstum einer Pflanze steuern und koordinieren. Zum Teil sind sie ähnlich den Geschlechtshormonen.

Schleimstoffe sind Bestandteil vieler Pflanzen, jedoch bergen nur wenige Pflanzen einen hohen Anteil. Sie speichern Wasser und produzieren dadurch eine fadenziehende Flüssigkeit. Diese Flüssigkeit besitzt eine schützende, reizmildernde und feuchthaltende Funktion. So wirkt der kleisterartige Schleimbrei besänftigend auf Hals, Lunge, Darm und viele andere Organe.

Vitamine werden in zwei Hauptgruppen unterteilt: wasserlösliche und fettlösliche Vitamine. Zu den wasserlöslichen gehören die Vitamine der B-Gruppe, Vitamin C, Biotin, Folsäure, Niacin, Pantothensäure, zu den fettlöslichen die Vitamine A, D, E und K. Sie werden zur Bildung von Enzymen, Hormonen und Blutkörperchen benötigt, aktivieren wichtige Stoffwechselvorgänge und fördern Heilungs- und Regenerationsprozesse.

Mineralstoffe zählen zu den wichtigsten Pflanzeninhaltsstoffen und dürfen auch im tierischen Organismus nicht fehlen. Sie sind wichtig für das Bindegewebe, für Knochen, Krallen und Zähne, ebenso werden sie als Bausteine für körpereigene Enzyme und Hormone, um Stoffwechselprozesse zu aktivieren und den Wasserhaushalt zu regulieren, benötigt. Natrium, Magnesium, Kalium, Calcium und Phosphor gehören dazu.

Spurenelemente sind anorganische Mikronährstoffe, die für den Organismus und dessen Stoffwechsel-Funktionen unverzichtbar sind, genauso wichtig wie Mineralstoffe, zu denen sie gehören. Spurenelemente sind z. B. Eisen, Kobalt, Fluor, Jod, Kobalt, Kupfer, Zink und Selen.

Kräuter richtig sammeln

Kräuter sollten an unbelasteten Standorten gepflückt werden. Das ist also nicht der Straßenrand, sondern eher der eigene Garten, unbehandelte Wiesen, Felder oder Wegränder, welche nicht unbedingt für unzählige Hunde als Toilette dienen. Gepflückt werden sollten besonders die jungen, zarten Pflanzenteile. Niemals eine ganze Pflanze herausreißen, denn diese soll ja nachwachsen und weiter für die Gesundheit sorgen können. Sie können gerne während der Wanderung selbst einmal ein frisch gepflücktes Blatt kosten, um Unterschiede feststellen zu können. Nicht nur Unterschiede am Geschmack der einzelnen Wildkräuter, sondern auch der Unterschied zwischen einem älteren Blatt und einem jungen Blatt, dies merken Sie vor allem leicht am Geschmack bei Giersch. Pflücken Sie immer nur so viele Kräuter, wie sie auch in den nächsten zwei Tagen benötigen, wenn Sie die Kräuter für einen Tee aus frischen Pflanzen herstellen möchten. Pflücken Sie nur die Pflanzen, die Sie auch kennen, niemals Planzenteile abrupfen, um sie bestimmen zu können. Die Gefahr, Kräuter zu verwechseln, ist leider ohne Grundkenntnisse sehr hoch. Besonders bei Jungpflanzen sollten Sie diese Gefahr nicht außer Acht lassen. Bestehen Zweifel, lassen Sie das Kraut stehen. Nehmen Sie lieber ein Erkennungsbuch mit und pflücken Sie nur dann, wenn Sie ganz sicher sind, dass diese verzehrt werden können. Die Brennnessel ist eine sehr gute Übungspflanze, dieses Kraut dürfte schon bekannt sein durch unfreiwillige Kontakte mit den Brennhaaren. Einige Kräuter stehen auch unter strengem Naturschutz, Sie machen sich also strafbar, wenn Sie solche Pflanzen sammeln. Achten Sie auch auf die Beschreibungen der jeweiligen Kräuter, welche Teile gesammelt werden sollen, denn bei manchen Pflanzen sind nur einige Teile verwendbar, andere Teile sogar giftig. Sammeln Sie immer nur gesunde Pflanzenteile, niemals schimmelige, faulige oder mit Ungezieter behaftete Wildkräuter.

Sofern Sie für Heilkräutertees auf Vorrat sammeln, sollten die Kräuter vor dem Trocknen nicht gewaschen werden, sammeln Sie deshalb an sauberen Standorten und nicht in Erdnähe. Kräuter, welche als Heilmittel angewendet werden sollen, sollten am besten an einem regenfreien Vormittag gepflückt werden. Achten Sie darauf, dass diese Kräuter wenigstens ein oder zwei Tage Sonnenlicht vor der Ernte gesehen haben. Das liegt daran, dass in den Abend- und Nachtstunden sowie an regnerischen Tagen die Wirkstoffe der Kräuter am geringsten sind. Wurzeln werden entweder früh morgens oder am Abend gesammelt. Hier ist die Wirkstoffkonzentration in der Wurzel vorhanden und wird nicht zur Versorgung der oberirdischen Teile benötigt. Vermeiden Sie das Sammeln von Kräutern bei Vollmond. Das Mondlicht nimmt dem Kraut die Kraft. In der Kräuterheilkunde geht man noch weiter. Diese werden nur bei zunehmendem Mond und Wurzeln bei abnehmendem Mond gesammelt.

- Sammeln Sie nur die Kräuter, welche Sie auch sicher bestimmen können.
- Sammeln Sie immer nur so viele Kräuter, wie Sie innerhalb eines Jahres aufbrauchen.
- Sammeln Sie die Kräuter niemals in der Mittagshitze oder bei Regen.
- Knospen werden im zeitigen Frühling gesammelt.
- Blätter sollten vor der Blüte einer Pflanze gesammelt werden.
- Blüten und Sprossspitzen sammelt man zu Beginn der Blütezeit.
- Früchte sollten immer im reifen Zustand gesammelt werden.
- Samen löst man erst, wenn die Pflanze bereits am Austrocknen ist.
- Rinde kann das ganze Jahr über gesammelt werden.
- Wurzeln werden im späten Herbst oder zeitigen Frühling gesammelt.

Kräuter trocknen

Da Kräuter zu verschiedenen Zeiten geerntet, diese aber meist zu einer anderen Jahreszeit gebraucht werden, eignet sich die Trocknung der einzelnen Kräuter hervorragend. Natürlich können Sie bereits getrocknete Kräuter käuflich erwerben. Möchten Sie diese aber selber sammeln, egal ob in der Natur oder in Ihrem Garten, sollten Sie auf bestimmte Dinge achten.

Kräuter lassen sich auf verschiedene Weise trocknen. Verzichten Sie auf das Waschen der Kräuter, denn diese können dadurch an Qualität verlieren, weil der Trocknungsvorgang verzögert geschieht. Schütteln Sie bereits beim Ernten Staub, Sand oder kleine Insekten ab. Sollte es dennoch einmal notwendig sein, die Kräuter zu waschen, ist es angebracht, das überschüssige Wasser mit Küchenrollenpapier abzutupfen.

Als Blickfang in kleine Bündel zusammengebunden, aufgehängt in einem beheizten Raum, sehen sie nicht nur malerisch aus, sondern verströmen auch noch ihren Duft in die Räume. Kleine Bündel deshalb, weil überall die Luft durchziehen sollte. Lassen Sie die Bündel so lange kopfüber hängen, bis sie richtig trocken sind. Richtig trocken sind sie, wenn Sie die Blätter knisternd zerdrücken können. Danach können sie, am besten in einer beschichteten Papiertüte verpackt, dunkel aufbewahrt werden. Gläser, die dicht verschlossen werden können, dienen ebenfalls der Aufbewahrung. Achten Sie dabei vor allem bei durchsichtigen Gläsern darauf, diese an einem dunklen Ort aufzubewahren. Auch Blechdosen oder Porzellangefäße sind geeignet, es kommt dabei jedoch auf die Kräutersorte an. Kräuter lassen sich auch auf einem Gitterrost, Tablett oder ähnlichem trocknen, welches vorher mit Küchenrollenpapier ausgelegt wurde. Versuchen Sie, die Pflanzen dabei so wenig wie möglich zu verkleinern, denn jede Zerkleinerung verletzt die Zellstruktur des wertvollen Krauts. Ätherische Öle und weitere Inhaltsstoffe können dabei austreten und mindern die Qualität. Wichtig ist, dass die Kräuter für den Trocknungsprozess an einen warmen Ort, z.B. die Heizung oder den Ofen gebracht werden. Ein luftiger Platz um die 30 °C wäre ideal. Von einer Trocknung im Backofen rate ich ab. Je heißer die Temperatur, umso schneller trocknen die Kräuter zwar, verlieren aber auch rasch ihre wertvollen Inhaltsstoffe. Eine gute Alternative sind dagegen Dörrapparate.

Verschiedene Blüten wie z.B. Rosen, Lavendel, Oregano, Kamille, Löwenzahn oder Gänseblümchen sowie die Früchte von Fenchel, Dill, Engelwurz, Hagebutte oder Kümmel lassen sich ebenfalls gut trocknen.

Nach dem Trocknen brechen Sie die Pflanzen in kleine Teile und bewahren sie bis zum Gebrauch in dunklen, gut verschließbaren, Glas-, Metall-, Kirschholz- oder Keramikgefäßen auf.

Kräuter richtig aufbewahren

Die Drogen sind nicht unbegrenzt haltbar. Es gehen nicht nur die Vitamine verloren, die chemischen Inhaltsstoffe und die Enzyme können zerfallen oder sich verändern. Außerdem werden die Kräuter bei unsachgemäßer Aufbewahrung schnell von Schimmelpilzen befallen, aber auch von Insekten und Würmern. Sammeln Sie deshalb immer nur so viele Kräuter, wie Sie in einem Jahr benötigen.

Die getrockneten Pflanzenteile bewahren Sie am besten in dunklen Gläsern, Blechdosen, Keramikgefäßen oder Papiertüten auf, je nach Art der Pflanze. Sollen zum Beispiel viele ätherische Öle enthalten sein, eignen sich Blechdosen hierfür am besten.

Lagern Sie niemals die Kräuter zu lange, da wertvolle Inhaltstoffe verlorengehen. Der Tee sollte daher luftdicht, Kühl und dunkel gelagert werden. Die getrockneten Pflanzen nehmen Gerüche aus der

Umgebung auf und sollten daher nicht in der Nähe von Kaffee, Gewürzen, Wurstwaren oder Reinigungsmitteln gelagert werden. Wegen der negativen Strahlung auch nicht auf und neben der Mikrowelle oder in der Nähe von Halogen- und Neonlampen.

Wenn Sie Teekräuter nicht selbst sammeln wollen, können Sie diese auch käuflich erwerben. Achten Sie dabei darauf, nicht zu große Mengen einzukaufen. Ideal wäre es, wenn Sie die Kräuter in wenigen Monaten aufgebraucht haben.

Kräutergarten

Für einen Kräutergarten gibt es immer einen Platz! Egal ob auf der Fensterbank in kleiner Form oder auf dem Balkon, und wer ein Haus mit Garten bewohnt, kann diesen auch etwas größer anlegen. Die meisten Kräuter lieben trockene Standorte, daher sollten die Pflanzgefäße wasserdurchlässig sein. Kombinieren Sie Kräuter, die sich vertragen. Kamille fördert z.B. das Wachstum von Dill, Majoran, Kerbel und Pimpinelle und kann daher zusammen mit diesen angepflanzt werden. In einem Erdbeerbeet sehen Ringelblumen nicht nur gut aus, sondern durch die Ringelblumen wird der Boden verbessert und die Erdbeeren gedeihen besser. Auch Petersilie verträgt sich mit Erdbeeren, aber Dill verträgt sich auch mit Petersilie. Salbei fördert Wachstum von Oregano und Bohnenkraut und Rosmarin fördert das Wachstum von Basilikum. Zitronenmelisse verträgt sich, bis auf Basilikum, mit anderen Kräutern. Thymian verträgt sich mit Estragon, Borretsch, Bohnenkraut, Fenchel und Koriander. Thymian darf übrigens nie mit Majoran angepflanzt werden – die beiden vertragen sich überhaupt nicht.

Dies ist nur ein kleiner Einblick, welche Kräuter sich gut kombinieren lassen. Achten Sie auf die Bedürfnisse der einzelnen Pflanzen (Wasserbedarf, Bodenbeschaffenheit) und wie groß diese werden können, dann können Sie sie auch mit anderen Kräutern kombinieren.

Kräuterspirale

Sie wohnen in der Stadt und sind dennoch naturverbunden? Dann machen Sie Ihre Fensterbank oder Balkon nicht nur zu einem Blickfang, sondern genießen Sie ihn. Pflanzen Sie nur Kräuter an, welche Sie auch verzehren bzw. verfüttern wollen und die sich für einen Tee-Aufguss eignen. Möchten Sie Ihren Balkon in einen kleinen Kräutergarten umwandeln, bedenken Sie, dass ein Balkon windiger ist als ein Beet im Garten. Kräuter, welche keinen Wind vertragen, sollten Sie hier nicht anpflanzen. Dies sind vor allem Pflanzen mit großen weichen Blättern, z.B. manche Basilikum-Sorten, diese fühlen sich auf der Fensterbank wohler. Besitzen Sie einen Balkon, kaufen oder bauen Sie sich ein Pflanzregal, das ist platzsparend und sieht toll aus, außerdem vereinfacht es die Ernte. In kleinen Töpfen können Sie gut Thymian, Petersilie und Majoran anpflanzen. Kresse fühlt sich auch in einem Balkonkasten wohl.

Wann der richtige Zeitpunkt zur Aussaat gekommen ist, hängt von der jeweiligen Kräuterpflanze ab. Es gibt einjährige, zweijährige und mehrjährige Pflanzen. Einjährig sind z.B. Basilikum, Dill und Kresse, welche am besten im Frühjahr ausgesät werden. Mehrjährige Pflanzen wie z.B. Petersilie, Rosmarin, Lavendel und Thymian sollten eher im Herbst gesät werden. Stauden können übrigens im Frühjahr und Herbst gepflanzt werden. Einige Kräuter können Sie auch selbst vermehren. Vor allem die mehrjährigen, krautig wachsenden Arten. Melisse und Minze sowie Majoran lassen sich im Frühjahr gut teilen. Arten, die verholzen, z.B. Thymian, Salbei oder Rosmarin, können Sie im Frühjahr durch Stecklinge vermehren.

Auch die Beschaffenheit des Bodens ist wichtig. Es gibt tonige, lehmige und sandige Böden. In sandigen Böden hält sich nur wenig Wasser, sie haben wenige Nährstoffe, da diese schnell mit dem Wasser ausgeschwemmt werden. Es gibt aber einige Kräuter, welche sich dennoch dort wohl fühlen. Diese sind Bohnenkaut, Borretsch, Estragon, Koriander, Lavendel, Thymian und Oregano. Lehmige Böden sind geeignet für Basilikum, Dill, Fenchel, Salbei, Lorbeer, Kümmel, Rosmarin aber auch Koriander und Thymian. Lehmige Böden sind nährstoffreich und bieten fast allen Kräutern gute Wachstumsbedingungen. In tonigen Böden fühlen sich Alant, Beinwell, Liebstöckel und Wermut wohl.

Gießen sollten Sie Ihre Kräuter am besten am frühen Vormittag oder in den Abendstunden. Meiden Sie das Gießen bei starker Sonneneinstrahlung, da das Wasser auf den Blättern der Kräuter die Pflanze verbrennen kann. Beachten Sie auch dabei welche, Pflanze wie viel Wasser benötigt und pflanzen Sie nur Kräuter zusammen an, welche den gleichen Wasserbedarf haben.

Besitzen Sie einen Garten, haben Sie die Möglichkeit, Ihre Kräuter mit verschiedenen Gemüsesorten zu kombinieren. So können Sie nicht nur freie Flächen nutzen, sondern auch das Wachstum untereinander fordern. Achtung! Nicht alle Gemüsesorten vertragen sich mit Kräutern! Zwiebelgewächse vertragen sich z.B. nicht mit Bohnen, Erbsen oder Rote Beete. Kopf- und Pflücksalate vertragen sich nicht mit Petersilie und Sellerie, und Fenchel mag nicht zusammen mit Bohnen und Tomaten stehen. Das sind nur einige Beispiele, was Sie nicht zusammen pflanzen sollten, die meisten Gemüsesorten vertragen sich jedoch mit Kräutern.

Natürlich können Sie auch einen reinen Kräutergarten anlegen, dieser wird gerne in Hochbeeten oder als Kräuterspirale angelegt. Kräuter brauchen nicht viel Platz.

Mehrjährige Kräuter sollten zurückgeschnitten werden. Lavendel, Salbei und Thymian am besten im Frühjahr. Nun kommt auch immer wieder die Frage auf: Was tun, wenn Schädlinge die Kräuter befallen? Da die meisten Kräuter einen hohen Anteil an ätherischen Ölen aufweisen, kommt das nur selten vor. Ist dies dennoch einmal der Fall, meiden Sie chemische Mittel. Ein Brennnesselsud eignet sich am besten, um Läuse zu bekämpfen. Salbei und Thymian können durch zu viel Düngen oder durch zu viel Wasser mit Mehltau befallen werden. Sie sollten die Pflanze dann zurückschneiden.

Frische Kräuter bekommt man auch auf dem Markt

Zubereitungsmöglichkeiten

Immer wieder werde ich darauf angesprochen, welche Form von Zubereitung besser wirkt. Ich kann nur eines sagen: Es kommt auf das jeweilige Kraut und die zu verwendenden Pflanzenteile an, ebenso darauf, auf welche Inhaltsstoffe ich mehr Gewicht lege. Der Tee-Aufguss ist die am häufigsten verwendete Zubereitungsart, was jedoch nicht bedeutet, dass hierbei die meisten Inhaltsstoffe enthalten sind. Es gibt drei Zubereitungsarten und eine Kombinationsmöglichkeit, welche ich Ihnen nachfolgend kurz erklären möchte.

Aufguss (Infus)

Ein Aufguss ist ein wässriger Extrakt, der durch das Übergießen von Kräutern, Früchten oder anderen Pflanzenteilen mit heißem oder kochendem Wasser gewonnen wird. Es ist die am häufigsten verwendete Tee-Zubereitungsart.
Hierbei werden die Pflanzenteile mit heißem oder kochendem Wasser übergossen und ca. 8 bis 15 Minuten abgedeckt ziehen gelassen. Danach wird alles durch ein Teesieb abgeseiht und kann zur Anwendung kommen.

Abkochung (Decokt)

Eine Abkochung ist ein wässriger Extrakt, der durch das Kochen von festen Pflanzenteilen wie Hölzern, Rinden, Samen, Kernen und Wurzeln gewonnen wird. Dies wird vor allem dann gemacht, wenn man Gerb-, Bitter- und Mineralstoffe entziehen möchte.
Hierbei werden die Pflanzenteile mit kaltem Wasser übergossen und langsam zum Kochen gebracht. Während des Kochvorgangs sollte der Deckel geschlossen sein. Danach wird alles durch ein Teesieb abgeseiht. Die Kochzeit richtet sich danach, welche Inhaltsstoffe herausgezogen werden sollen. Kurze Kochzeiten von ca. 2 bis 3, aber auch bis zu 30 Minuten oder mehr sind möglich. Ein Ansetzen über Nacht ist ebenfalls möglich.

Kaltauszug (Malzerat)

Ein Kaltauszug ist ein Verfahren, um leichtflüchtige oder thermisch instabile Inhaltsstoffe aus pflanzlichen Rohstoffen zu lösen. Bei einem Kaltauszug sollten nur einwandfreie Kräuter bekannter Herkunft verwendet werden, da Krankheitserreger durch Hitze nicht abgetötet werden, welche bei den anderen Verfahren sonst entstehen. Vor allem kommt diese Zubereitungsart zum Einsatz, wenn Schleimstoffe und Ätherische Öle aus den betreffenden Heilpflanzen gelöst werden sollen.

Hierbei werden die Pflanzenteile mit kaltem Wasser übergossen. Je nach Art der Pflanze lässt man den Auszug am besten über Nacht ca. 6 bis 12 Stunden (bei manchen Kräutern auch länger) in einem geschlossenen Gefäß stehen. Danach wird alles durch ein Teesieb abgeseiht. Kaltauszüge sind zum sofortigen Gebrauch bestimmt. Eine Tagesration kann in einer Thermoskanne aufbewahrt werden.

Eine Kombination aus Abkochung und Kaltauszug ist sinnvoll, wenn man verschiedene Inhaltsstoffe aus der gleichen Pflanze gewinnen möchte.

Zuerst wird der Kaltauszug gewonnen. Die abgeseihten Pflanzenteile werden zur Weiterverwendung benötigt und der fertige Kaltauszug beiseite gestellt. Die abgeseihten Pflanzenteile werden nun weiter entweder nach dem Aufguss- oder Abkochungsverfahren zubereitet. Zum Schluss wird der Kaltauszug mit der abgekühlten Abkochung vermischt und kann zur Anwendung kommen.

Tipps zur Zubereitung

Wenn Sie frische Kräuter für einen Tee verwenden, ist dieser oft aromatischer, milder und nicht so bitter, als wenn Sie getrocknete Kräuter verwenden. Hunde bevorzugen einen Tee aus frischen Kräutern. Für einen Liter Tee benötigen Sie ungefähr eine Hand voll frischer Kräuter.

Zubereitete Tees sind im Kühlschrank in verschlossenen Gefäßen ein bis zwei Tage haltbar. Achten Sie bitte darauf, dass der Tee Raumtemperatur hat, bevor er im Futternapf landet, niemals etwas kühlschrankkalt verfüttern.

Eine äußerliche Anwendung, zum Beispiel das Auswaschen von Verletzungen mit Kamille, dürfte keine größeren Schwierigkeiten bereiten. Anders wird die Sache, wenn ein Hund einen Tee, der oftmals nicht schmackhaft ist, trinken soll. Hier einige Tipps, die man von Fall zu Fall ausprobieren kann:

- Tee süßen, jedoch nicht mit Zucker, sondern mit Honig.
- Tee fein zerreiben und das ›Pulver‹, den Sud oder Aufguss dem Futter beimengen.
- Tee nicht mit Wasser, sondern mit laktosefreier Milch zubereiten.
- Tee mit Wasser überbrühen und diesen in kleinen Essensportionen, welche das Tier zu sich nimmt, verstecken, z. B. in Hackfleisch.

Diese Tipps gelten nur, wenn keine Allergie auf eines der genannten Produkte besteht.

Bei Tees, welche aus Samen zubereitet werden, ist folgendes zu beachten: Zerstoßen Sie die Samen und geben Sie diese in kaltes Wasser. Danach lassen Sie das Ganze langsam aufkochen und für ca. fünf Minuten weiter vor sich hin köcheln.

Das Teepflanzen-ABC

Auch hier gilt: Die Dosis macht das Gift.

Ackerschachtelhalm

(Equisetum arvense)
Ackerschachtelhalm ist fast geruchlos, die braunen Stengel haben ein leichtes Pilzaroma, die grünen Stengel weisen einen leicht bitteren Geschmack auf.

Beheimatet ist er auf der gesamten nördlichen Halbkugel. Die Pflanze liebt einen sonnigen Platz auf feuchtem Boden und verträgt sogar Staunässe. Ackerschachtelhalm gedeiht auf schweren, verdichteten, lehmhaltigen und humusarmen Böden.

Hauptinhaltsstoffe sind vor allem Kieselsäure, Kalium, Sterole, Flavonoide wie Quercetin, Saponine und Kämpferol. Auch wurden Spuren von Alkaloiden und seltenen Dicarbonsäuren in den Pflanzenbestandteilen nachgewiesen.

Ackerschachtelhalm wirkt entzündungshemmend, immunstärkend, harntreibend, wundheilend, durchblutungsfördernd, blutreinigend, blutstillend, ist gut bei Blasen- und Nierenschwäche, Nieren- und Harngrieß, stärkt das Verdauungssystem und das Bindegewebe, ist hilfreich bei Rheuma, Ödemen, Wassersucht, Husten, Bronchial- und Lungenleiden und Afterjucken.

Äußerlich kann der Tee bei infizierten Wunden, Schwellungen, Frostbeulen und Knochenbrüchen seinen Einsatz finden.

Zubereitung:
Für einen Tee übergießen Sie ein bis zwei Teelöffel Ackerschachtelhalmkraut mit 250 ml kochendem Wasser, diesen lassen Sie 8 Minuten ziehen, anschließend abseihen, bevor sie ihn portioniert unter das Futter mengen. Möchten Sie den Tee hauptsächlich wegen seiner Kieselsäure verfüttern, sollten Sie ihn als Abkochung zubereiten. Die Kräuter sollten dabei mindestens 20 Minuten in Wasser kochen. Für eine äußerliche Anwendung, z.B. bei Knochenbrüchen, schlecht heilenden Wunden, Frostbeulen, Geschwüren eignet sich die Abkochung ebenfalls. Bei einer äußerlichen Anwendung bieten sich Wickel und Auflagen mit der Abkochung an.

Der Ackerschachtelhalm sollte nicht mit dem giftigen Sumpfschachtelhalm verwechselt werden!

Anis

(Pimpinella anisum)
Anis-Tee schmeckt ähnlich wie Fenchel, nur süßer. Er wird daher auch gerne als Geschmacksverbesserer in Tees gemischt.

Der im Orient beheimatete Anis ist weit verbreitet, in Indien, Russland sowie auch in Europa wird er reichlich angebaut. Anis mag einen sonnigen Standort mit humosem, durchlässigem Boden.

Hauptinhaltsstoffe sind ätherisches Öl, Anissäure, Flavon- und Flavonolglykoside, fettes Öl, verschiedene Zucker und geringe Mengen an Terpenen.

Anis wirkt milchbildend, antibakteriell, entspannend, krampf- und schleimlösend. Der Tee hilft sehr gut bei Husten, Bronchitis, Blähungen, Durchfall, Schleimhautentzündung und Verdauungsschwäche.

Zubereitung:
Geben Sie einen gehäuften Teelöffel der zerstoßenen Anisfrüchte in eine Tasse und übergießen Sie sie mit 250 ml kochendem Wasser. Lassen Sie den Tee 10 Minuten ziehen und seihen Sie ihn dann ab, bevor Sie ihn portioniert unter das Futter mengen.

Arnika

(Arnika montana)
Die Arnika ist eine aromatisch duftende Pflanze.

Arnika ist in Europa und Westasien beheimatet, wächst auf mageren, feuchten, ungedüngten und sauren Wiesen und Mooren in Gebirgslage.

Arnika steht bei uns unter Naturschutz! Nicht selbst pflücken!

Hauptinhaltsstoff ist vor allem die Substanz Helenalin. Daneben kommen Flavonoide, Gerbstoffe, Cumarine und wenig ätherisches Öl vor.

Arnika wirkt schmerzlindernd, entzündungshemmend und antibakteriell. Der Tee wird nur äußerlich als Umschlag angewandt und hilft gut bei Zerrungen, Prellungen, Quetschungen, Gelenkentzündungen und bei Faserrissen.

Zubereitung:
Geben Sie zwei gehäufte Teelöffel der getrockneten Arnikablüten in eine Tasse und übergießen Sie sie mit 250 ml kochendem Wasser. Lassen Sie den Tee 10 Minuten ziehen und seihen Sie ihn dann ab, bevor Sie ihn äußerlich anwenden.

Artischocke

(Cynarae scolymus)
Die Artischocke weist einen dezenten, leicht herben bis zartbitteren Geschmack auf. Ihr Geruch ist angenehm und schwach.

Ihren Ursprung hat die Artischocke in den Ländern rund um das Mittelmeer. Als Gemüse wird sie heute vorwiegend in Spanien, Frankreich, Italien, den USA und Argentinien angebaut. Auch in

Deutschland findet man in dem einen oder anderen Garten Artischocken.

Die Hauptwirkstoffe der Artischocke sind Bitterstoff (Cynaropikrin), Cynarin, Flavonoide und Gerbstoffe.

Artischockentee wirkt stoffwechselaktivierend, gallenflussfördernd, leberregenerierend und -schützend, appetitanregend, entzündungshemmend und krampflösend. Er hilft gut bei Leberentzündungen, reguliert den Blutzuckerspiegel und ist hilfreich bei Verdauungsbeschwerden.

Zubereitung:
Für einen Tee werden hauptsächlich die getrockneten Stängelblätter und Wurzeln verwendet. Geben Sie einen Teelöffel der getrockneten Artischocken-Blätter und/oder Wurzeln in eine Tasse und übergießen Sie sie mit ca. 150 ml kochendem Wasser. Lassen Sie das Gan-

ze abgedeckt 10 Minuten ziehen, anschließend abseihen und portionsweise über das Futter geben.

Augentrost

(Euphrasia officinalis)
Augentrost schmeckt sehr bitter und sein Geruch ist würzig.

Heimisch ist der Augentrost in den Ländern Mitteleuropas, Westeuropas und in einigen Teilen Südeuropas. Er ist auch unter seinem wissenschaftlichen Namen Euphrasia allgemein bekannt. Er liebt die Sonne und wächst auf Wiesen, an trockenen Ufern und in lichten Wäldern. Die Standortbedingungen der einjährigen Pflanze müssen nicht anspruchsvoll sein. Augentrost ist ein Halbschmarotzer, auch wenn er Chlorophyll selbst produziert. Er besitzt Saugwurzeln, die aus den Gräsern der Umgebung, vor allem aus deren Wurzeln, wichtige Nährstoffe saugen. Seine Blüten erinnern ein wenig an Augen, was auch bei der Namensgebung beteiligt war.

Die wichtigsten Inhaltsstoffe sind Aucubin, Curmarin, Flavonoide, Fumarsäure, Iriduidglykoside, Lignane, Tannin, Gallotannin, etwas ätherisches Öl, fettes Öl, Harz, Gerb- und Bitterstoffe.

Augentrost wirkt appetitanregend, zusammenziehend, verdauungsfördernd, entzündungshemmend, kräftigt die Schleimhäute, gut bei grippalen Infekten, Magenschmerzen, Heuschnupfen, Schlaflosigkeit, Zahnschmerzen, Bindehautentzündungen, Gerstenkorn, Lidrandentzündung und bei Überanstrengung der Augen.

Zubereitung:
Für einen Tee übergießen Sie zwei Teelöffel Augentrost bzw. Euphrasia mit 250 ml kochendem Wasser und lassen ihn 10 Minuten ziehen, anschließend abseihen, bevor Sie ihn portioniert unter das Futter mengen. Äußerlich lässt er sich mit Kompressen oder als Spülung besonders im Augenbereich anwenden.

Bärentraube

(Arctostaphylos uva-ursi)
Der Bärentraubenblätter-Tee besitzt einen schwachen, eigenartigen Geruch und schmeckt leicht bitter.

Bärentraube steht bei uns unter Naturschutz! Nicht selbst pflücken!

Bärentraube ist auf der nördlichen Erdhalbkugel beheimatet, insbesondere in Europa, Nordamerika, Sibirien und dem Altaigebirge. Der Immergrüne Strauch wächst auf Moorböden, aber auch in Nadelwäldern in den Alpen. Die Früchte sind rot und beerenartig. Der Strauch ähnelt sehr der Preiselbeere. Zur Anwendung kommen nur die Blätter.

Die wichtigsten Inhaltsstoffe der Blätter sind Glykoside Arbutin und Methylarbutin. Auch stecken reichlich Gerbstoffe vom Gallotannin-Typ sowie Flavonoide und Alantoin in den Blättern.
Bärentraubenblätter wirken entzündungshemmend und antibakteriell, sie helfen bei Blasensteinen, Nierengrieß, Nierenbeckenentzündungen, Harnträufeln und Bronchitis.

Zubereitung:
Für einen Bärentraubenblättertee verwendet man die getrockneten Blätter. Es wird eine Abkochung empfohlen. Geben Sie einen Teelöffel Bärentraubenblätter in 250 ml Wasser und kochen Sie das Ganze etwa 15 Minuten lang. Anschließend gießen Sie den Tee durch ein Sieb, bevor Sie ihn portioniert über das Futter geben.
Man kann Bärentraubenblättertee auch als normalen Aufguss oder Kaltauszug (12 Stunden ziehen lassen) zubereiten.

Bärentraubenblätter kommen oft in kombinierten Tees mit Kräutern vor, welche noch zusätzlich eine harntreibende Wirkung haben. Diese sind dann meist auch besser verträglich, haben jedoch eine nicht ganz so starke Wirkung.

Der Tee sollte nicht länger als eine Woche und auch nicht während einer Trächtigkeit und Säugezeit angewendet werden.

Bärlapp

(Lycopodium clavatum)
Bärlapp ist fast geruch- und geschmackslos.

Bärlapp ist eine moosartige Pflanze, die in ganz Europa im Gebirge, an Berghängen, Steinbrücken, in trockenen Nadelwäldern und auf Wiesen wächst. Sie liebt kalkarmen, vorwiegend sandigen Boden.
Bärlapp steht bei uns unter Naturschutz! Nicht selbst pflücken!

Die wichtigsten Inhaltsstoffe der Sporen sind fettes Öl, Sporonin, Säuren, Harz, Gummi und Spuren von Alkaloiden. Ferner enthalten sind Hydrokaffeesäure und Sacharose.

Im Kraut sind giftige Alkaloide (Chinolinalkaloide wie Lycopodin, Clavatin, Lydodolin und Clavotoxin) enthalten, aus diesem Grund sollte es nicht verwendet werden. Es kommen also nur die Sporen zur Anwendung.

Bärlapp wirkt schmerzstillend, stoffwechselfördernd, harntreibend, kühlend, blutstillend und krampflösend. Hilft bei Blasensteinen, Blasenentzündung, Leberstauung und Rheuma. Äußerlich hilft der Tee bei nässenden Hautausschlägen, Ekzemen und Wunden.

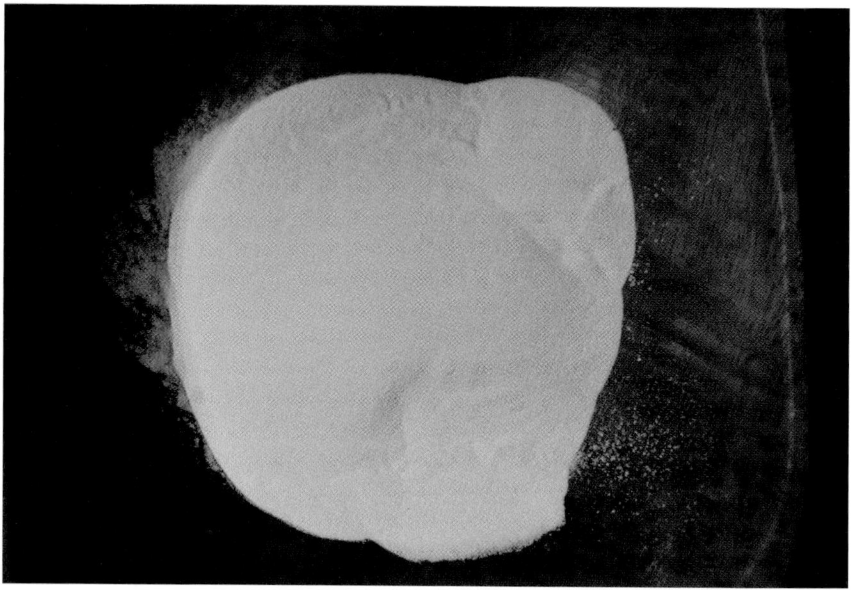

Bärlappsporen

Zubereitung:

Für einen Tee übergießen Sie einen Teelöffel Bärlapp-Sporen mit 250 ml kochendem Wasser und lassen ihn eine Minute (!) ziehen,

anschließend abseihen, bevor Sie ihn portioniert unter das Futter mengen. Äußerlich lässt sich der Tee ebenfalls anwenden.
Bärlapp sollte niemals gekocht, sondern nur mit kochendem Wasser übergossen und nur ganz kurz ziehen gelassen werden.

Im Kraut des Bärlapps sind leicht giftige Stoffe enthalten, es ist also davon abzuraten, es zu verwenden. Falsch zubereitet kann Bärlapp starke Darmkrämpfe verursachen.

Baldrian

(Valeriana officinalis)
Die Blüten des Baldrians besitzen einen zarten Duft.

Seine Heimat liegt ursprünglich, bis auf wenige Ausnahmen in ganz Europa, Russland und in gemäßigten Zonen Asiens. Die Pflanze liebt sonnige Plätze, aber auch im Halbschatten gedeiht sie. Der Boden sollte humusreich, etwas durchlässig, nährstoffreich und immer leicht feucht sein. Baldrian lässt sich auch in Kübeln auf dem Balkon anpflanzen.

Die wichtigsten Inhaltsstoffe von Baldrian sind ätherische Öle, Gerb- und Bitterstoffe, Valerensäure, Baldriansäure, Sesquiterpene, Arnikaflavon, hydrophile Lignane, Harz, Alkaloide und Flavonoide.

Baldrian wirkt hauptsächlich entspannend, beruhigend, krampflösend, schlaffördernd, aber auch konzentrationsfördernd, gut bei Krämpfen, Gastritis, nervösen Herzbeschwerden, Verspannungen, Bluthochdruck, Reizblase, Stress, Reizbarkeit und Rückenbeschwerden.

Zubereitung:

Für einen Tee kommen sowohl die Blüten als auch die Wurzeln in Frage. Bei Blüten bietet sich sowohl ein Kaltauszug als auch ein Aufguss an, wobei bei den Wurzeln ein Kaltauszug empfehlenswert ist. Für einen Tee übergießen Sie ein bis zwei Teelöffel Baldrianblüten mit 250 ml kochendem Wasser, diesen lassen Sie 10 bis 15 Minuten ziehen, bevor Sie ihn portioniert unter das Futter mengen. Um einen Kaltauszug durchzuführen, benötigt man ein bis zwei Teelöffel Blüten oder Wurzeln, diese werden mit 250 ml kaltem Wasser übergossen und für etwa 12 Stunden ziehen gelassen. Danach wird der Auszug gefiltert und nach Wunsch etwas erwärmt.

Basilikum

(Ocimum basilicum)
Frisch geerntetes Basilikum duftet süßlich, pfeffrig und ein wenig nach Nelken.

Es ist kultiviert meist ein einjähriges Kraut und kommt aus Asien und Afrika. Heute gibt es diese Pflanze nahezu in allen Teilen der Welt und wird entsprechend kultiviert. In seiner natürlichen Umgebung ist das Basilikum meist mehrjährig, bei uns hingegen aufgrund der Wetterbedingungen meist nur einjährig. In Töpfe gepflanzt, ist es ein Hingucker auf der Küchenfensterbank.

Hauptinhaltsstoffe des Basilikums sind ätherische Öle, Kampfer, Cineol, Menthol, Thymol, Methylcavicol, Anethol, Gerbstoff, Saponine, Flavonoide, Farnesol, Stigmasterol, Beta-Sitosterol, Geraniol, Linalool, Cirtral, Estragol und Eugenol, außerdem enthält es Cholin.

Staudenbasilikum

Im frischen Kraut ist reichlich Vitamin A und C. Weiterhin enthält Basilikum die Vitamine D und E sowie sämtliche B-Vitamine (außer B_{12}). Reichlich sind auch die Mineralstoffe Kalium, Kalzium, Eisen und Magnesium enthalten. Bedenken Sie aber auch hier wieder, dass hitzeempfindliche Vitamine durch die Teezubereitung größtenteils verloren gehen.

Basilikum wirkt hauptsächlich verdauungsfördernd, darmreinigend, beugt Magenkrämpfen vor, wirkt schleimlösend, schmerzstillend, fördert die Milchbildung, wirkt harntreibend, entwässernd, antibakteriell, hilfreich bei fieberhaften Erkrankungen, beruhigt das Nervensystem, schützt vor Umweltschadstoffen, hilfreich bei Blasenentzündungen, bekämpft freie Radikale und hilft bei der Zellerneuerung. Die enthaltenen Enzyme helfen beim Fettabbau.

Zubereitung:
Für einen Tee übergießen Sie ein bis zwei Teelöffel Basilikum mit 250 ml kochendem Wasser und lassen ihn 10 bis 15 Minuten ziehen, anschließend abseihen, bevor Sie ihn portioniert unter das Futter mengen.

Basilikum sollte nicht bei trächtigen Hündinnen gegeben werden.

Beifuß

(Artemisia vulgaris)
Die Pflanze hat einen sehr intensiven aromatischen Geruch, insbesondere die Blüten und Wurzeln. Beifuß schmeckt bitterwürzig.

Beifuß ist in fast allen Gebieten der Nordhalbkugel zu finden. In Deutschland und Österreich ist er überall anzutreffen, an Wegen, auf Wiesen und an Bahndämmen, sogar auf Schutthalden und Verkehrsinseln mitten in der Stadt. Das Kraut wächst sowohl an sonnigen wie auch an halbschattigen Standorten. Der Boden der nicht anspruchsvollen Pflanze sollte leicht kalkhaltig, nährstoffreich und gut durchlässig, kann aber auch verhältnismäßig sandig sein.

Seine wichtigsten Inhaltsstoffe sind ätherische Öle, hiervon Kampfer, Thujon, Cineol, Linalool, zahlreiche Monoterpene und Sesquiterpene, Flavonoide, Gerb- und Bitterstoffe.

Beifuß besitzt eine antibakterielle, pilzabtötende, beruhigende, durchblutungsfördernde, appetitanregende, verdauungs- und wehenfördernde Wirkung, außerdem wirkt er krampflösend und galletreibend. Die Pflanze hilft bei Leber- und Gallebeschwerden, Übelkeit, innerer Unruhe, Magen-Darm-Beschwerden, Blähungen, Durchblutungsstörungen, Neuralgien, chronischem Durchfall, extremem Maulgeruch und Wurmbefall. Auch bei Blasentzündung und Gebärmutterkrämpfen soll das Kraut helfen.

Zubereitung:
Für einen Tee übergießen Sie ein bis zwei Teelöffel Beifuß mit 250 ml kochendem Wasser und lassen ihn 5 bis 7 Minuten ziehen, anschließend abseihen, bevor Sie ihn portioniert unter das Futter mengen.

Beifuß sollte nicht bei trächtigen Hündinnen gegeben werden, da er wehenfördernd wirkt.

Beinwell

(Symphytum officinale)
Beinwell besitzt einen frisch-würzigen Duft und schmeckt sehr aromatisch.

Beinwell ist von Westeuropa bis nach Westasien weitverbreitet. Er wächst an Bachufern, auf nassen Wiesen und an Weg- und Waldrändern. Beinwell bevorzugt halbschattige Standorte, wächst aber auch in der Sonne. Volle Sonne jedoch sollte nach Umständen gemieden werden, da die Pflanze schnell an Wassermangel leidet. Lockere nährstoffreiche Böden, die gut Feuchtigkeit halten können, werden bevorzugt. Die Wurzeln sollten in den Monaten März und April sowie Oktober und November geerntet werden.

Seine wichtigsten Inhaltsstoffe sind Allantoin, Gerbstoffe, Asparagin, Alkaloide, ätherisches Öl, Flavonoide, Harz, Kieselsäure, Kalium, Kalzium, Cholin, Pyrrolizidinalkaloide und Stigmasterol.

Beinwell wirkt entzündungshemmend, wundheilend, schmerzstillend, zusammenziehend, beruhigend, kühlend, blutreinigend, blutbildend, blutstillend, erweichend und stopfend. Nach Knochenbrüchen unterstützt Beinwell Kallusbildung, wird bei Verletzungen des Bewegungsapparates, Arthritis, Arthrose, Rheuma, Quetschungen, Muskelschmerzen, eiternden Wunden, Schnittwunden, Geschwüren, Insektenbissen und -stichen, Juckreiz, Brandwunden, Verhärtung der Brustdrüsen, Durchfall, Gastritis, Magengeschwüren, Asthma, Bronchitis, grippalen Infekten und Anämie angewandt.

Da Beinwell wechselnde Mengen von Pyrrolizidinalkaloiden enthält, welche in hoher Dosierung und als Einzelsubstanz leberschädigend und krebsauslösend wirken können, sollte die Anwendung äußerlich in Form von Umschlägen vorgenommen werden.

Zubereitung:

Sie benötigen 100 g Beinwellwurzeln, die Sie in einem Liter Wasser zehn Minuten kochen lassen. Danach abseihen und einen Umschlag damit tränken und diesen auflegen.
Sollte der Tee doch einmal innerlich zur Anwendung kommen, dann am besten als Teemischung und nicht über einen längeren Zeitraum hinweg.

Bei trächtigen und säugenden Hündinnen sollte Beinwell nur äußerlich angewendet werden.

Bibernelle, kleine

(Pimpinella saxifraga)
Bibernelle besitzt süß duftende, unscheinbare, weiße Doldenblüten. Die Pflanze schmeckt würzig und der Nachgeschmack ist etwas scharf.

Heimisch ist die kleine Bibernelle in Europa, Zentralasien, Kleinasien und am Kaukasus. Die anspruchslose Pflanze wächst auf mäßig trockenen, kalkhaltigen, mageren, jedoch sonnigen Wiesen.

Die wichtigsten Inhaltsstoffe sind ätherische Öle, Saponine, Gerbstoffe, Polyacetylene, Cumarine und Furocumarin.

Die Bibernelle wirkt harntreibend, schleimlösend, appetitanregend, verdauungsfördernd, blutreinigend, blutstillend, krampflösend, zusammenziehend und entzündungshemmend. Die Pflanze ist gut bei Husten, Bronchitis, Asthma, grippalen Infekten, Fieber, bei Verdauungsschwäche, Blähungen, Darmentzündung, Nierensteinen, Herzbeschwerden, Rheuma und Hautausschlägen.

Zubereitung:
Für einen Tee übergießen Sie ein bis zwei Teelöffel Bibernelle mit 250 ml kochendem Wasser und lassen ihn 5 Minuten ziehen, anschließend abseihen, bevor Sie ihn portioniert unter das Futter mengen.

Möchten Sie einen Tee aus Wurzeln zubereiten, dann werden zwei Teelöffel Wurzeln mit 250 ml kaltem Wasser übergossen, aufgekocht und abgeseiht und anschließend portionsweise über das Futter gegeben.

Birke

(Betula)
Der Geruch der Blätter ist schwach, ihr Geschmack ist leicht bitter und harzig.

Die Birke kann bis zu 30 Meter hoch werden und blüht von April bis Mai. Ihre Früchte sind im August bis September reif. Die Birke kann bis zu 150 Jahre alt werden. Dieser Baum kommt in ganz Europa vor.

Wirkstoffe der Birke sind u.a. Saponin, Gerbstoffe, Bitter- und Schleimstoff, ätherisches Öl, Betulinsäure, Fruchtzucker, Mineralsalze (u.a. Kalium, Calcium), Vitamin C, Flavonoide, Harz, Methylsalicylat, ihre Rinde enthält Birkenkampfer. Bedenken Sie aber auch hier wieder, dass hitzeempfindliche Vitamine durch die Teezubereitung größtenteils verloren gehen. Zur Anwendung kommen Blätter (*folia Betulae*), Blattknospen (*gemmae Betulae*), Rinde (*cortex Betulae*) und Birkenteer (*pix Betulae*).

Sie wirkt blutreinigend, antiseptisch, entgiftend, belebend und regt die Blasen- und Nierentätigkeit an. Sie fördert die Wasserausscheidung und wird erfolgreich bei Gicht, Rheuma, Arthritis und bei Grieß- und Steinleiden eingesetzt. Birkenblättertee hilft ebenfalls bei Magenentzündungen, Magengeschwüren, Leber- und Gallenleiden.
Äußerlich kann der Tee vor allem bei Hautkrankheiten und zur Hautreinigung, aber auch bei Wunden, einschließlich Schnittwunden und Furunkeln zur Anwendung kommen.

Zubereitung:
Hauptsächlich werden die jungen Blätter als Tee-Aufguss verwendet. Dabei werden zwei Teelöffel der Blätter mit 250 ml heißem Wasser übergossen, 10 bis 15 Minuten ziehen gelassen und anschließend abfiltriert, bevor der Tee portionsweise unter das Futter gemischt werden kann.

Blutwurz

(Potentilla erecta)
Blutwurz besitzt einen sehr aromatischen, süßlichen Geruch (getrocknete Wurzeln).

Blutwurz ist in Mittel- und Nordeuropa sowie Westasien beheimatet. Er ist daher sowohl in den Ländern Skandinaviens als auch in den südeuropäischen Ländern wie Portugal, Spanien und Italien anzutreffen. Er kommt an sonnigen Plätzen, vor allem auf Heiden, nährstoffarmen Wiesen und an lichten Waldböschungen und Waldrändern vor. Blutwurz liebt eher trockenen, sandigen, durchlässigen und nährstoffarmen Boden.

Seine Hauptwirkstoffe sind vor allem Gerbstoffe (sogenannte Catechingerbstoffe) Ellagsäure, Tormentol, ätherisches Öl, Harz, Fettsäuren, Flavonoide, Gummi und Stärke.

Blutwurz wirkt zusammenziehend, wundheilend, stopfend, blutstillend, blutdruck und blutzuckersenkend, antibakteriell, antiviral, antiallergisch, schmerzstillend und immunstimulierend. Er hilft bei

Durchfall, Blähungen und Magen-Darm-Katarrhen. Äußerlich lässt sich der Tee gut bei entzündlichen Prozessen im Mund- und Rachenraum, bei Hautreizungen, Verbrennungen und Erfrierungen und bei der Wundheilung anwenden.

Zubereitung:
Für einen Tee wird ein Teelöffel frisch zerkleinerte Blutwurz-Wurzel mit 150 ml kaltem Wasser übergossen, das Wasser zum Sieden gebracht und kurz aufgekocht und dann gleich abgeseiht. Alternativ kann Blutwurz auch mit kaltem Wasser für mehrere Stunden angesetzt und dann kurz aufgekocht werden. Geben Sie den fertigen Tee portionsweise unter das Futter.

Bockshornkleesamen

(Trigonella foenum-graecum)
Geschmack und Geruch des Tees sind etwas gewöhnungsbedürftig. Bockshornkleesamen weisen einen stark würzigen Geruch auf, ähnlich frisch gemähtem Heu. Der Samen schmeckt leicht bitter und etwas mehlig.

Ursprünglich kommt der Bockshornklee aus Indien. Hauptanbaugebiete sind vor allem Marokko und Indien. Der Bockshornklee ist über das südliche Europa, Afrika, den Nahen Osten, Indien, China und Australien verbreitet. Der Bockshornklee bevorzugt Standorte mit viel Sonnenlicht und eher lehmigem Boden.

Bockshornkleesamen bestehen zu einem großen Teil aus Schleimstoffen. Zudem kommen Steroidsaponine, als Bitterstoffe die Trigofoenoside A bis G sowie ein wenig ätherisches Öl in den Samen vor. Eisen, Calcium, Magnesium, Vitamin B_3, B_6, C und A sind ebenfalls in den Samen nachweislich vorhanden. Bedenken Sie aber auch hier wieder, dass hitzeempfindliche Vitamine durch die Teezubereitung größtenteils verloren gehen.

Der Bockshornkleesamen wirkt appetitanregend, blutbildend, entzündungswidrig und schleimlösend, er hilft bei allgemeiner Schwäche, in der Rekonvaleszenz, bei Husten, Magenschmerzen und Magengeschwüren, Darmerkrankungen, Drüsenschwellungen, Diabetes, Impotenz, Haarausfall, regt die Milchbildung an, kräftigt die Gebärmutter und das Herz. Äußerlich ist der Tee als Kompresse anwendbar bei Furunkeln, Abszessen und Geschwüren.

Zubereitung:
Nehmen Sie ca. 3 g ungemahlene Bockshornkleesamen pro 120 ml (eine Tasse) kaltes Wasser und lassen sie diese für zwei Stunden

einweichen. Danach kochen Sie das Ganze kurz auf. Sie können die Samen auch komplett mit dem Tee verfüttern, aber auch abseihen. Alternativ kann auch Samenpulver verwendet werden, hierbei werden drei Esslöffel in 250 ml kaltes Wasser gegeben. Lassen Sie dies für drei Stunden einweichen, anschließend seihen Sie es ab und geben den Tee portionsweise unter das Futter.

Bohnenkraut

(Satureja)

Bohnenkraut schmeckt etwas pfeffrig und riecht angenehm aromatisch würzig.

Ursprünglich stammt Bohnenkraut aus dem Mittelmeergebiet. Man findet es heute auch in ganz Süd- und Mitteleuropa, Westasien, Südafrika und Nordamerika. Es wird zwischen dem einjährigen Sommerbohnenkraut (*Satureja Hortensis L.)* und dem mehrjährigen Winter- oder Bergbohnenkraut (*Satureja montana, siehe Foto*), unterschieden, welches etwas herber im Geschmack ist, aber keinen Unterschied in der Wirkungsweise aufweist. Bohnenkraut lässt sich im Garten anbauen oder ist auch für die Topfkultur in Blumenkästen oder größeren Pflanztrögen geeignet. Es sollte sonnig und warm stehen und der Boden wasserdurchlässig und leicht kalkhaltig sein.

Im Bohnenkraut sind ätherische Öle wie Thymol, Cymol und Carvacrol, Bitter-, Schleim- und Gerbstoffe sowie Sitosterol und Ursolsäure enthalten. Natrium, Kalium, Calcium, Phosphor, Magnesium, Eisen und die Vitamine A und C sind ebenfalls nennenswerte Inhaltsstoffe. Bedenken Sie aber auch hier wieder, dass hitzeempfindliche Vitamine durch die Teezubereitung größtenteils verloren gehen.

Bohnenkraut wirkt vor allem vitalisierend, appetitanregend, antiseptisch, hautreinigend, es stärkt die Atemwege und Bronchien, kräftigt das Herz, regt den Organismus an, hilft bei Leberbeschwerden, Durchfall, Magenkrämpfen, Blähungen, verbessert die Verdauung und lindert Brechreiz.

Zubereitung:
Für einen Tee übergießen Sie zwei Teelöffel Bohnenkraut mit 250 ml kochendem Wasser, diesen lassen Sie 10 Minuten ziehen. Seihen Sie ihn dann ab, bevor Sie ihn portioniert unter das Futter mengen.

Bohnenkraut sollte nicht bei trächtigen und säugenden Hündinnen gegeben werden.

Bohnenschalen

(Phaseolus vulgaris L)

Bohnenschalen sind nahezu geruchlos und weisen einen leicht bitteren Geschmack auf.

Es werden Bohnenschalen, bestehend aus den getrockneten, von den Samen befreiten Hülsen von *Phaseolus vulgaris* verwendet.

Die Grüne Bohne stammt ursprünglich vom amerikanischen Kontinent. Als Gemüsepflanze ist die Grüne Bohne auf der ganzen Welt zu Hause. Die Bohne bevorzugt windgeschützte, warme und sonnige Plätze auf einem nährstoffreichen, lockeren und sandig-lehmigen Boden.

Hauptinhaltsstoffe sind vor allem Lectine, Saponine, Flavonoide, Mineralstoffe mit Kalium, Kieselsäure, Aminosäuren mit Asparagin, Arginin und das Spurenelement Chrom.

Die Heilwirkungen von Bohnenschalen sind vor allem harntreibend, hilfreich bei Diabetes, Harngrieß, Nierensteinen, Nierenentzündung, Rheuma, schlecht heilenden Wunden und juckenden Ekzemen.

Zubereitung:
Ein Esslöffel Bohnenschalen wird mit ca. 150 ml (eine Tasse) kaltem Wasser angesetzt, zum Sieden erhitzt und sollte 10 bis 15 Minuten kochen. Vor der Anwendung wird das Ganze durch ein Teesieb gegeben.
Eine weitere Möglichkeit der Teezubereitung wäre, wenn Sie einen Esslöffel Bohnenschalen mit ca. 150 ml (eine Tasse) kochendem Wasser übergießen, diesen Tee 10 Minuten ziehen lassen und ihn dann abseihen, bevor Sie ihn portioniert unter das Futter mengen.

Borretsch

(Borago officinalis)
Borretsch erkennt man gut an seinem Duft nach Gurke.

Er ist im Mittelmeerraum und Vorderasien beheimatet. Man findet ihn auch wild an Weg- und Feldrändern oder auf gartennahem Brachland. Er liebt sonnige und feuchte Böden.

Borretsch enthält Schleimstoffe, Gerb- und Zuckerstoffe. Das ätherische Öl enthält Pinocamphon, Isopinocampher, Pinocarvon, außerdem sind Allantoin, Saponin, Asparagin und viele weitere Aminosäuren sowie die Vitamine C, A, B_1, B_2, B_6, E, K, Folsäure, Pantothensäure, Niacin und etwas Biotin enthalten. Weiterhin sind Beta-Carotin und Mineralstoffe wie Calcium, Kalium, Magnesium, Natrium und Phosphor wertvolle Inhaltsstoffe. Bedenken Sie aber auch hier wieder, dass hitzeempfindliche Vitamine durch die Teezubereitung größtenteils verloren gehen.

Borretsch wirkt hauptsächlich verdauungsfördernd, stoffwechselaktivierend, schmerzlindernd, harntreibend, entwässernd, blutreinigend, fiebersenkend, lindert Juckreiz, Koliken, Entzündungen, Husten, Herzbeschwerden, Rheuma, Arthritis, kräftigt die Nerven, entgiftet den Körper, reinigt die Haut und fördert ihre Durchblutung.

Zubereitung:
Für einen Tee übergießen Sie ein bis zwei Teelöffel Borretsch mit 250 ml kochendem Wasser, diesen lassen Sie 10 Minuten ziehen, und seihen ihn dann ab bevor Sie ihn portioniert unter das Futter mengen.

Brennnessel

(Urtica)
Brennnesselblätter verströmen einen sehr schwachen Geruch und haben einen herb-frischen, aromatischen Geschmack.

Die Brennnessel ist fast weltweit verbreitet, wächst überall, weshalb sie auch gerne als Unkraut bezeichnet wird. Für die einen ist sie das verhasste Unkraut aufgrund ihrer brennenden Eigenschaften – für die anderen zählt sie, wegen ihrer wertvollen Inhaltsstoffe, zu den wichtigsten Heilkräutern. Ihr wissenschaftlicher Name ist *Urtica dioica* (große Brennnessel), *Urtica urens* (kleine Brennnessel).

Das junge Kraut ist reich an Flavonoiden, Enzymen und pflanzlichen Hormonen (Phytohormone), Fett und Kohlenhydraten. Viel Magnesium, Kalium, Calcium, Eisen, Phosphor, Natrium, Schwefel und Kieselsäure enthält sie ebenso und ist reich an Eiweiß und Vitamin A, B-Vitaminen, Vitamin E, C, K sowie Steroiden, Rutin und ätherischem Öl. In den Brennhaaren stecken Histamin, Serotonin, Acetylcholin und Scopoletin. Brennnesselwurzeln enthalten pflanzliche Steroidhormone wie beta-Sitosterol. Des Weiteren Lignane, Lecitine und Polysaccharide. Die hohen Calcium-, Eisen- und Vitamin C-Werte sind besonders auch für Welpen im Wachstum gesund. Bedenken Sie aber auch hier wieder, dass hitzeempfindliche Vitamine durch die Teezubereitung größtenteils verlorengehen.

Die Blätter und die jungen Triebe sammelt man im Frühjahr/Frühsommer oder besorgt die getrockneten Blätter im Fachhandel. Beim Sammeln sollten Handschuhe getragen werden. Brennnesseltee ist ein beliebter Tee zur Entschlackung und Anregung des Stoffwechsels, nicht nur bei uns Menschen, sondern auch bei unseren Haus- und Nutztieren. Früher wurde der Brennnessel mehr Aufmerksamkeit geschenkt als heute. Besonders damals, als der berühmte Arzt Hypokrates wirkte, wurde sie als eines der besten Heilmittel erkannt und bei verschiedenen Gesundheitsstörungen, besonders als Blutreinigungskuren angewandt.

Die Brennnessel wirkt entzündungshemmend, appetitanregend, verdauungsanregend, blutreinigend, blutbildend, blutstillend, stoffwechselanregend, regt die Milchbildung an, gut für die Haut, Fell, bei Rheuma, Arthritis und Arthrose, hilft bei Harnwegserkrankungen, Durchfall und gutartigen Prostatavergrößerungen, schützt die Darmschleimhaut, lindert Allergien, beugt Blasen- und Nierensteinen vor, gut für die Leber und bei Magen- und Nierenschwäche, unterstützt die Krebstherapie, löst Verschleimungen der Atemwege und unterstützt die Diabetes-Behandlung. Für die Psyche ist sie auch ein wichtiges Heilkraut, sie wird oft zur Bildung von Willensstärke, Selbstüberwindung und Aggression verordnet. Äußerlich ist sie ebenfalls anwendbar, um Wunden auszuwaschen, auch bei eiternden Abszessen, Furunkeln und Hautunreinheiten findet sie bei Hunden ihren Einsatz. Die Brennnessel ist eine hervorragende Stoffwechsel-Pflanze, sie ist auch für den Kalkstoffwechsel unserer Hunde sehr wichtig. Schon Pfarrer Kneipp empfahl die Brennnessel als gutes Heilmittel bei Wassersucht.

Zubereitung:
Für den Tee sollten wenn möglich nur die jungen Blätter verwendet werden. Sie können aber auch die Blätter der Brennnesselpflanzen während der Blütezeit sammeln und verwenden. Für die Zubereitung werden acht Teelöffel frische oder fünf Teelöffel getrocknete Blätter mit kochendem Wasser (ein Liter) übergossen. Diesen Sud lassen Sie zehn Minuten lang ziehen, um ihn anschließend abzuseihen und portioniert unter das Futter geben zu können.

Brombeerblätter

(Rubus fructicosus)

Die Heimat der Brombeere ist Europa, aber sie kommt auch in Nordafrika, Vorderasien und Nordamerika vor. Sie bevorzugt sonnige bis halbschattige Lagen, beispielsweise lichte Wälder oder deren Ränder. Bei einem Waldspaziergang, wenn Sie den Weg verlassen, begegnet Ihnen bald ein Brombeerstrauch. Besonders gedeiht sie auf kalk- und stickstoffreichen Böden.

Die Blätter lassen sich gut für den Wintervorrat trocknen.

Brombeerblätter enthalten Gerbstoffe (Gallotannine, dimere Ellagitannine), organische Säuren (Zitronensäure und Isozitronensäure), Salicylsäure, Flavonoide, Inosit, Pektin, Polypeptide, Spuren eines ätherischen Öls und etwas Vitamin A, B und C. Bedenken Sie aber auch hier wieder, dass hitzeempfindliche Vitamine durch die Teezubereitung größtenteils verlorengehen.

Brombeerblätter wirken hauptsächlich blutreinigend, blutstillend, blutzuckersenkend, beruhigend, helfen bei Durchfall, Magen- und Darm-Entzündungen, Entzündungen im Maul- und Rachenraum, Blasenentzündung, Hautleiden, stärken das Immunsystem, kräftigen das Bindegewebe und lindern Atemwegserkrankungen.

Zubereitung:
Für einen Tee übergießen Sie zwei gehäufte Teelöffel Brombeerblätter mit 250 ml kochendem Wasser, diesen lassen Sie 15 Minuten ziehen, bevor sie ihn abseihen und portioniert unter das Futter mengen.

Brunnenkresse

(Nasturtium officinale)
Brunnenkresse schmeckt herb-pikant, rettich- bis senfartig, Geruch und Geschmack sind scharf.

Sie stammt aus Europa, Nordafrika und Asien. Sie liebt fließendes, nährstoffreiches Gewässer in sonniger bis halbschattiger Lage. Die Echte Brunnenkresse ist eine Pflanzenart, die also hauptsächlich an feuchten Standorten vorkommt. Leider wird die echte Brunnenkresse in der Natur immer seltener.

Die echte Brunnenkresse enthält Bitterstoffe, Gerbstoffe, Zucker, ätherische Öle, Raphanol, Vitamine wie Provitamin A, B_1, B_2, D, C, K und E und Mineralstoffe wie Eisen, Iod, Phosphor, Kalium, Calcium, Mangan, Zink und Natrium. Außerdem enthält sie das Senfölglykosid Glukonasturtin, Isothiocyanate, Phenyläthylsenföl und Flavonoide.

Beim Trocknen gehen die meisten Inhaltsstoffe verloren. Man verwendet Brunnenkresse daher am besten frisch, welche Sie selbst im Garten anbauen oder im Bioladen erwerben können. Bedenken Sie aber auch hier wieder, dass hitzeempfindliche Vitamine durch die Teezubereitung größtenteils verlorengehen.

Brunnenkresse wirkt hartreibend, antibakteriell, krebsvorbeugend, juckreizhemmend, blut- und hautreinigend, appetit- und verdauungsanregend, ist gut für Haut, Knochen und Zähne, treibt Würmer aus, ist hilfreich bei Verdauungsbeschwerden, Rheuma, Husten, Zahnfleischentzündungen, Blasen- und Nierenbeckenentzündung, unterstützt die Diabetes-Behandlung und soll bei Epilepsie helfen.

Zubereitung:
Als Tee nehmen Sie eine Hand voll Frischblätter und überbrühen diese mit 250 ml Wasser. Das Ganze lassen Sie fünf Minuten ziehen, bevor Sie es abseihen und portioniert unter das Futter mengen.

Brunnenkresse sollte in der Trächtigkeit nicht angewandt werden.

Dill

(Anethum graveolens)
Der Geschmack von Dill ist mild, etwas kümmelartig und riecht sehr aromatisch.

Dill ist eine einjährige Pflanze. Dill ist ursprünglich in Vorderasien verbreitet. Es liebt einen sonnigen Platz und einen humosen, lockeren und feuchten Boden.

Dill enthält ätherisches Öl (Carvon, Dillapiol, Limonen), fettes Öl und Spuren von Bergapten, Cumarinen, Scopoletin, Umbelliferon, Aesculetin, Umbelliprenin, Kaffee-, Ferula- und Chlorogensäure sowie Vicenin. Weitere Inhaltsstoffe sind neben Öl, Harz und Gerbstoff viele Aminosäuren, die Mineralstoffe Kalium, Calcium, Magnesium, Phosphor, Natrium, Kupfer, Fluor, etwas Eisen und viele Vitamine wie zum Beispiel Vitamin A, B_1, B_2, B_6, E, K, Folsäure, Pantothensäure, Niacin und etwas Biotin. Bedenken Sie aber auch hier wieder, dass hitzeempfindliche Vitamine durch die Teezubereitung größtenteils verlorengehen.

Hauptsächlich sind die Heilwirkungen von Dill appetitanregend, leicht harntreibend und entwässernd, krampflösend, verdauungsanregend, es steigert die Milchbildung, wirkt nervenberuhigend, stärkt das Immunsystem, ist hilfreich bei Magen-Darm-Beschwerden, verhindert Blähungen und beugt Infektionskrankheiten vor.

Zubereitung:
Für einen Tee übergießen Sie ein bis zwei Teelöffel Dill mit 250 ml kochendem Wasser, diesen lassen Sie 8 bis 10 Minuten ziehen, anschließend abseihen, bevor Sie ihn portioniert unter das Futter mengen.

Eichenrinde

(Cortex Quercus)
Frischgeschlagenes Eichenholz besitzt einen säuerlichen Geruch und der Geschmack der Rinde ist leicht bitter.

Heimisch ist die Eiche in den gemäßigten Klimazonen der Nordhalbkugel. Man trifft sie sowohl in Nordamerika als auch in Europa und Asien an. In Mitteleuropa wächst vor allem die Stiel- und die Trauben-Eiche. Sie fühlt sich in Mischwäldern an sonnigen bis halbschattigen Plätzen am wohlsten.

Eichenrinde enthält vor allem Eichengerbsäure, Ellagsäure, Gallussäure, Quercin, Quercit, Pektin und Stärke. Der Gerbstoffgehalt sinkt mit zunehmender Lagerzeit.

Eichenrinde wirkt vor allem zusammenziehend, blutstillend und bakterienhemmend. Hauptsächlich kommt der Tee äußerlich zur Anwendung. Eitrige Entzündungen und oder schlecht heilende Wunden und Furunkel sind die Hauptanwendung. Aber auch innerlich bei Durchfall kann der Tee, vor allem als Mischtee eingesetzt werden.

Zubereitung:
Für einen Tee übergießen Sie zwei Teelöffel Eichenrinde mit 250 ml kochendem Wasser, diesen lassen Sie diesen 10 Minuten ziehen, anschließend abseihen, bevor Sie ihn portionsweise unter das Futter mengen oder äußerlich anwenden.
Eine weitere Teezubereitung ist die Eichenrinde-Abkochung. Hierfür werden 500 g Eichenrinde mit zwei Liter kaltem Wasser übergossen und zum Kochen gebracht. Lassen Sie das Ganze so lange köcheln, bis das Wasser zur Hälfte verdunstet ist. Danach seihen Sie ihn ab und geben den Tee portionsweise über das Futter oder wenden ihn äußerlich an.

Erdbeerblätter

(Folium fragariae)
Der Geruch der Blätter ist leicht heuartig und der Geschmack leicht bitter und auch etwas schleimig.

Die Pflanze ist fast im ganzen gemäßigten Eurasien verbreitet. Mittlerweile gibt es mehr als 1.000 verschiedene Erdbeersorten. Erdbeeren lieben vollsonnige Standorte mit feuchtem, aber nicht zu nassem, leicht sauren bis neutralen Boden. Die Walderdbeere liebt jedoch einen humosen und lockeren Boden.

Die wichtigsten Inhaltsstoffe der Blätter sind Gerbstoffe, wenig ätherisches Öl, Vitamin C und Flavonoide, weitere Bestandteile sind Salicylsäure, Zimtsäure, Kaffeesäure und Chlorogensäure. Bedenken Sie aber auch hier wieder, dass hitzeempfindliche Vitamine durch die Teezubereitung größtenteils verlorengehen.

Erdbeerblätter wirken zusammenziehend und harntreibend. Sie helfen bei Magen-Darm-Katarrhen, Leberleiden, Harnwegs- und Nierenerkrankungen, Erkrankungen der Atemwege, Fieber, Rheuma, bei der Blutreinigung, unterstützen Herz und Kreislauf, fördern den Stoffwechsel und werden gerne zur Stärkung und bei Nervosität eingesetzt.
Äußerlich hilft der Tee bei Hautausschlägen.

Zubereitung:
Für einen Tee übergießen Sie zwei Teelöffel Erdbeerblätter mit 250 ml kochendem Wasser, diesen lassen Sie 15 Minuten ziehen, anschließend abseihen, bevor Sie ihn portioniert unter das Futter mengen.

Estragon

(Artemisia dracunculus)
Estragon hat schon einen sehr speziellen Geschmack und Geruch, gleich ob frisch oder getrocknet. Der Geschmack ist mit keinem anderen Küchenkraut zu vergleichen.

Estragon, auch als Wildpflanze, soll ursprünglich aus dem fernen Osten nach Europa gekommen sein. Es werden zwei Estragon-Arten unterschieden. Der nicht winterharte französische Estragon, welcher eine leichte Anisnote aufweist und lieblich schmeckt, und der russische Estragon, welcher herber im Geschmack ist und auch in unserer Region winterhart ist. Dieses Kraut benötigt einen sonnigen, warmen und feuchten Platz in humushaltiger Gartenerde.

Estragon enthält ätherische Öle wie Estragol, Phellandren, Ocimen, zudem Gerb- und Bitterstoffe. An Vitaminen sind A, C, B_1, B_2, B_6, E, K, Niacin, Folsäure und Pantothensäure enthalten. Ebenso enthalten ist ein hoher Kaliumgehalt, Magnesium, Calcium, Phosphor, Fluor, Zink, Mangan, Eisen, Asparagin, Kampfer, Flavonoide und Enzyme. Bedenken Sie aber auch hier wieder, dass hitzeempfindliche Vitamine durch die Teezubereitung größtenteils verlorengehen.

Estragon wirkt hauptsächlich appetitanregend, blutreinigend, stoffwechselaktivierend, herzkräftigend, antiseptisch und harntreibend, lindert Zahnschmerzen, Rheuma und Muskelkrämpfe, treibt Würmer aus, ist hilfreich bei Blähungen, Magenkrämpfen und Verdauungsbeschwerden, senkt Fieber, kräftigt die Nerven und wirkt vitalisierend.

Zubereitung:
Für einen Tee übergießen Sie ein bis zwei Teelöffel Estragon mit 250 ml kochendem Wasser, diesen lassen Sie 10 Minuten ziehen, anschließend abseihen, bevor Sie ihn portioniert unter das Futter mengen.

Fenchelsamen

(Foeniculi fructus)
Fenchel hat einen süßlich-würzigen, anisartigen, manchmal auch etwas kampferartigen Geschmack. Der Duft erinnert an Anis und Menthol.

Die Heimat dieser Pflanze ist der Mittelmeerraum. Fenchel bevorzugt sonnige Plätze mit tiefgründigen, nährstoffreichen, gut belüfteten, durchlässigen und mäßig trockenen Böden.
Es gibt verschiedene Formen des Fenchels, wie zum Beispiel der Bitterfenchel, der Süßfenchel und der Gemüsefenchel. Die getrockneten reifen Samen werden vom Süß- und Bitterfenchel verwendet.

Die wichtigsten Inhaltsstoffe der Samen sind ätherische Öle (Anethol, Fenchon), wobei der Bitterfenchel mehr ätherische Öle enthält, als der Süßfenchel, fettes Öl, Flavonoide, Phenolcarbonsäuren und Cumarine.

Fenchelsamen wirken auswurffördernd, beruhigend, harntreibend, krampflösend im Magen- und Darmbereich, verdauungsfördernd, appetitanregend und milchbildungsfördernd. Sie helfen bei Magen-Darmbeschwerden, Magenkrämpfen und Entzündungen der oberen Luftwege.

Zubereitung:
Bei Magen-Darmbeschwerden wie bei Atemwegserkrankungen ist ein Aufguss mit Fenchelfrüchten anzuraten. Überbrühen Sie hierzu einen Teelöffel zuvor zerstoßener Fenchelfrüchte mit 250 ml siedend heißem Wasser. Lassen Sie den Fencheltee etwa 10 Minuten lang ziehen und seihen Sie die Früchte anschließend ab, bevor Sie den Tee portioniert unter das Futter geben.

Frauenmantel

(Alchemilla vulgaris)
Frauenmantel besitzt einen leicht bitteren und etwas säuerlichen Geschmack. Die zart gelben Blüten verströmen einen honigähnlichen Duft.

Seine Heimat liegt in Europa, Nordamerika und Asien. Er wächst auf feuchten Wiesen sowie in lichten Wäldern. Die Pflanze benötigt einen nährstoffreichen, humosen und feuchten Boden und bevorzugt einen schattigen bis halbschattigen Platz.

Frauenmantel enthält hauptsächlich ätherische Öle, Bitterstoffe, Gerbstoffe, Phytosterin, Glykoside, Saponine und Tannine.

Frauenmantel wirkt vor allem verdauungsfördernd, entzündungshemmend, krampflösend, blutreinigend, beruhigend, schmerzstillend, zusammenziehend, harntreibend, antibakteriell und antioxidativ. Hauptsächlich findet diese Pflanze ihre Anwendung bei Beschwerden der weiblichen Geschlechtsorgane, fördert die Milchbildung, hilft bei Durchfall, Blähungen, Magenschwäche, grippalen Infekten, Fieber, Bindehautentzündung, Herz- und Nierenschwäche,

Ödemen und hilft unterstützend bei Diabetes. Äußerlich hilft sie bei Wunden, Geschwüren, Eiterungen und Furunkeln.

Zubereitung:
Für einen Tee übergießen Sie zwei Teelöffel Frauenmantel (Blüten und Blätter) mit 250 ml kochendem Wasser, diesen lassen Sie 10 Minuten ziehen, anschließend abseihen, bevor Sie ihn portioniert unter das Futter mengen.

Gänseblümchen

(Bellis perennis)
Das Gänseblümchen weist einen sehr schwachen Duft auf und ist mild, etwas nussartig im Geschmack.

Ursprünglich ist es in Südeuropa beheimatet. Schon im Altertum kam es jedoch auch nach Mitteleuropa. Das Gänseblümchen wächst bevorzugt auf Wiesen, man findet es aber auch an Gehwegen und an Bahndämmen und es liebt nährstoffreichen Boden.

Es enthält unter anderem ätherische Öle, Saponine, Bitterstoffe, Schleimstoffe, Gerbstoffe, Anthoxanthin, Flavonoide, Fumarsäure, Schleim, Inulin, Mineralstoffe wie Kalium, Calcium, Magnesium und Eisen sowie die Vitamine A, C und E. Bedenken Sie aber auch hier wieder, dass hitzeempfindliche Vitamine durch die Teezubereitung größtenteils verlorengehen.

Das Gänseblümchen wirkt blutreinigend, blutstillend, harntreibend, krampfstillend, es regt die Verdauung, den Stoffwechsel und den Appetit an und ist schmerzstillend. Gänseblümchen helfen bei Erkältungskrankheiten, Husten, Darmentzündungen, Rheuma, Ödemen und Wassersucht, ebenso bei Nieren- und Blasensteinen, Hautausschlägen und schlecht heilenden Wunden.

Für die äußerliche Anwendung bei Hauterkrankungen oder schlecht heilenden Wunden eignet sich der Tee bei Hunden ebenso gut wie bei uns Menschen.

Zubereitung:
Für einen Gänseblümchen-Tee übergießen Sie einen Teelöffel Gänseblümchen (Blüten und Blätter) mit 250 ml kochendem Wasser und lassen ihn zehn Minuten ziehen. Dann abseihen und portioniert über das Futter geben.

Gänsefingerkraut

(Argentina anserina)

Das Gänsefingerkraut ist in Europa fast überall verbreitet. In Mitteleuropa ist die Pflanze bis in Höhenlagen von 2000 Metern recht häufig anzutreffen. Die Pflanze liebt nährstoffreiche Böden und wächst auf Acker- und Wiesenflächen, an Wegrändern, Schuttplätzen, Bahndämmen und in Gärten.

Sie enthält vor allem Bitterstoffe, Cumarine, Flavonoide, Gerbstoffe, Anthocyanidine, Mineralsalze, Schleimstoffe und Vitamin C. Bedenken Sie aber auch hier wieder, dass hitzeempfindliche Vitamine durch die Teezubereitung größtenteils verlorengehen.

Gänsefingerkraut wirkt zusammenziehend, antibakteriell, entzündungshemmend, beruhigend, entspannend, krampflösend, blutstillend und harntreibend. Es wird vor allem bei Koliken und Krämpfen angewendet. Hilfreich ist die Pflanze auch bei Magen- und Darmschleimhautentzündungen, Durchfall, Entzündung der Maulhöhle, krampfartigem Husten, Asthma und äußerlich bei Furunkeln, hilft gut bei der Wundheilung, auch bei bereits entzündeten Wunden kann es gute Dienste leisten.

Zubereitung:
Für einen Tee übergießen Sie einen Teelöffel Gänsefingerkraut mit 250 ml kochendem Wasser, diesen lassen Sie 10 Minuten ziehen, bevor sie ihn abseihen und portioniert unter das Futter mengen. Gänsefingerkraut wird gerne in Teemischungen zubereitet.

Giersch

(Aegopodium podagraria)
Die leicht bitteren frischen Triebe und jungen Blätter ernten Sie am besten im Frühling.

Giersch ist in fast ganz Europa und den gemäßigt-kontinentalen Gebieten des eurasischen Laubwaldgürtels anzutreffen. In der Apotheke werden Sie Giersch-Tee vergeblich verlangen. Er wächst vorwiegend in Auen, Wiesen, Waldrändern und Gärten. Diese Pflanze muss selbst gesammelt werden. Möchten Sie Ihrem Hund die Pflanze auch im Winter gönnen, können Sie die Blätter kurz vor der Blüte sammeln, um sie dann gebündelt an einem schattigen und luftigen Ort aufzuhängen. Nach dem Trocknen bewahren Sie die Blätter in Papier- oder Stoffbeuteln auf (siehe Kapitel Kräuter trocknen).

Giersch enthält ätherisches Öl, Chlorogensäure, Cumarine, Flavonolglykoside, Harz, Hyperosid, Isoquercitrin, Kaffeesäure und einen hohen Anteil an Kalium, Magnesium, Calcium, Mangan, Kupfer, Phosphor, etwas Zink und Eisen. Phenolcarbonsäuren, Polyine, Saponin, Vitamin C, Provitamin A sind ebenfalls nennenswerte Inhaltsstoffe, sowie die vielen Aminosäuren wie zum Beispiel Alanin, Arginin, Asparaginsäure, Cystin, Glycin, Histidin, Isoleucin, Leucin, Lysin, Metheonin, Prolin, Serin, Threonin, Thyrosin und Valin. Bedenken Sie aber auch hier wieder, dass hitzeempfindliche Vitamine durch die Teezubereitung größtenteils verlorengehen.

Giersch wirkt entzündungshemmend, beruhigend, entschlackend, entsäuernd, verdauungsfördernd, entwässernd, harntreibend und harnsäurelösend, gut bei Durchfall, Husten, Blasenentzündung, wirkt wurmaustreibend, hilft beim Abnehmen, bei Zahnschmerzen, und bei der Wundheilung und unterstützt die Rheumatherapie.

Zubereitung:
Für einen Tee übergießen Sie zwei gehäufte Esslöffel Gierschblätter mit 250 ml kochendem Wasser, diesen lassen Sie 5 Minuten ziehen, bevor Sie ihn portioniert unter das Futter mengen. Eine Kur von zwei bis drei Wochen ist ratsam. Für eine Frühjahrskur in den Monaten März bis April kann man statt des getrockneten Krauts die frischen Triebe für den Tee nutzen.

Goldrute, gewöhnliche

(Solidago virgaurea)
Der Geruch dieser Pflanze ist schwach aromatisch und der Geschmack etwas bitter.

Die genaue Herkunft der gewöhnlichen Goldrute ist nicht bekannt, es wird vermutet, dass ihre Heimat das nördliche und mittele Europa ist. Die Pflanze ist in allen europäischen und asiatischen Ländern vertreten. In den subtropischen Gebieten ist sie jedoch ausschließlich in höheren Lagen mit gemäßigtem Klima anzutreffen. Die Pflanze benötigt einen eher trockenen, schweren, nährstoffarmen Boden in sonniger bis halbschattiger Lage. Vor allem findet man sie an Wegrändern, Waldlichtungen, Weiden, Gräben oder Magerwiesen.

Die wichtigsten Wirkstoffe der Goldrute sind Gerbstoffe, Saponine, Bitterstoffe, ätherische Öle, Flavonoide und Phenolglykoside, wie das Leiocarposid.

Die gewöhnliche Goldrute wirkt gegen Pilze (Mykosen), wirkt harntreibend, entzündungshemmend, krampflösend, zusammenziehend, blutreinigend, ausschwemmend, schmerzlindernd, ödemhemmend und immunstimulierend. Sie hilft bei Blähungen, Durchfall, Darmentzündungen, Rheuma, Wassersucht, Ödemen, Nierenbeschwerden, Blasenentzündungen, Nierengrieß und -steinen, Diabetes und äußerlich bei Zahngeschwüren, zur Wundbehandlung und bei Insektenstichen.

Riesengoldrute, echte Goldrute (Solidago gigantea)

Die Wirkung der beiden Arten ist sehr ähnlich, nur die Inhaltsstoffe weichen minimal ab, z.B. enthält die Riesengoldrute mehr Flavonoide als die gewöhnliche Goldrute, dafür fehlen die Phenolglykoside. Die echte Goldrute (Riesengoldrute) stammt außerdem aus Europa.

Zubereitung:
Für einen Tee übergießen Sie einen Teelöffel Goldrute (getrocknetes Kraut) mit 250 ml heißem (nicht kochendem) Wasser, dieses lassen Sie 15 bis 20 Minuten ziehen, bevor Sie den Tee portioniert unter das Futter mengen.

Große Klette

(Arctium lappa)
Geschmacklich erinnert die Wurzel an Schwarzwurzeln, die Pflanze an sich ist sehr bitter. Der Geruch der Klettenwurzel ist sehr gewöhnungsbedürftig für so manche Nasen, ja sogar ekelerregend, etwas muffig.

Die Große Klette ist eine europäisch-westasiatische Pflanze. Hauptsächlich kommt sie in Europa außer der Iberischen Halbinsel und dem nördlichen Skandinavien vor. Vorwiegend findet man sie an Waldrändern, lichten Stellen, Lichtungen, an Wegen und Mülldeponien.

Zu den wichtigsten Inhaltsstoffen der Großen Klette gehören Inulin (vor allem in Wurzeln), Fettsäuren, Tannine, Phosphorsäure, fettes Öl, ätherische Öle, Bitterstoffe, Phytosterine und Schleimstoffe.

Die große Klette wirkt entzündungshemmend, blutzuckersenkend, antibakteriell, harntreibend, schweißtreibend, blutreinigend, entgiftend, gallefördernd und haarwuchsfördernd. Hauptsächlich wird sie als innerliches und äußerliches Desinfektionsmittel (Mikrobizide, antimykotisch) angewendet, zur Reinigung, bei Rheuma, Diabetes, Hautleiden, Geschwüren, Gallen- und Leberbeschwerden, Verdauungsbeschwerden, Haarausfall, Verstauchungen, Furunkeln, Abszessen und zur Wundheilung.

Zubereitung:
Der Tee wird als Kaltauszug der Wurzeln hergestellt. Übergießen Sie einen gehäuften Teelöffel Wurzelstückchen mit 250 ml kaltem Wasser. Lassen Sie dies für mindestens fünf Stunden stehen und danach kochen Sie das Ganze auf und lassen es für ca. eine weitere Stunde sieden. Nach dem Erkalten seihen Sie das Ganze ab und geben den Tee portionsweise unter das Futter.

Hagebutte

(Rosa canina)

Hagebuttenblüten verströmen einen sanften Duft.

Die Hagebutte wächst in Europa, Nordafrika und Vorder- und Mittelasien in Hecken, Gebüschen und an Böschungen. Sie liebt einen sonnig bis halbsonnigen Standort und stellt wenig Ansprüche an die Bodenbeschaffenheit. Besonders gut gedeiht die Hagebutte auf durchlässigen, mäßig trockenen bis frischen, tiefgründigen, nährstoffreichen Böden. Die Pflanzung erfolgt zumeist im Herbst. Blütezeit ist im Frühsommer. Die Hagebutte trägt ab September Früchte, die im September/Oktober, wenn sie voll ausgereift sind, geerntet werden können. Achten Sie bei der Ernte auf unbeschädigte und reife Früchte.

Hagebutten enthalten viel Vitamin C, außerdem Vitamin B_1, B_2, B_6, A, K, E, ungesättigte Fettsäuren (Vitamin F), Beta-Carotin (Provitamin A), Niacin, Pektin, Lycopin, Invertzucker, Zitronen- und Apfelsäure, Flavonoide, Carotinoide, Schleim- und Gerbstoffe und ätherisches Öl. Weiterhin ist Kalium, Magnesium, Calzium, Phosphor, Zink und Eisen enthalten. In den Kernen ist Vanillin enthalten. Bedenken Sie aber auch hier wieder, dass hitzeempfindliche Vitamine durch die Teezubereitung größtenteils verlorengehen.

Hagebutten können Sie auch getrocknet kaufen, so haben Sie einen kleinen Vorrat für jede Jahreszeit. Lagern Sie diese dunkel und trocken und nicht in einer Metalldose.

Die Hagebutte wirkt harntreibend, blutreinigend, vitalisierend, mild verdauungsfördernd, ist hilfreich bei Rheuma und Erkältungskrankheiten, stärkt das Immunsystem, erhöht die Widerstandsfähigkeit gegen Infektionskrankheiten, reinigt Nieren und Blase von Harnstein und Grießbefall, wirkt positiv auf den Hautstoffwechsel, lindert Arthrose und Spondylose, ist gut bei Erbrechen und gegen Herpes und die Kerne helfen Bandwürmer auszutreiben.

Hunde, welche ängstlich, leicht reizbar oder schnell erschöpft sind, sollten einen Tee-Aufguss bekommen.

Zubereitung:
Für einen Tee überbrühen Sie einen Teelöffel zerkleinerter Hagebutten mit 250 ml kochenden Wassers, lassen dies 5 bis 10 Minuten ziehen und mengen den Tee portionsweise unter das Futter.

Heidelbeere

(Vaccinium myrtillus)
In der Pflanzenheilkunde werden vorwiegend die getrockneten reifen Beeren (*Myrtilli fructus*) verwendet. Die Beeren schmecken süßsäuerlich und schwach zusammenziehend. Sie verströmen einen schwach süßlichen Geruch.

Die Gattung Vaccinium ist vorwiegend auf der Nordhalbkugel beheimatet. Die Pflanze liebt einen halbschattigen bis sonnigen Platz und einen nährstoffarmen und sauren Boden. Sie wächst bevorzugt in Heide- und Moorlandschaften, in Gebirgen und in lichten Wäldern.

Heidelbeeren enthalten Vitamin C, A, E, B_1, B_2, B_6, Niacin, Pantothensäure, wenig Biotin, Calcium, wenig Magnesium und Natrium, Eisen, viel Kalium, Phosphor und Spurenelemente wie Zink, Chrom und Mangan, Carotinoide, Flavonoide, Phenolsäuren und

Gerbstoffe. Bedenken Sie aber auch hier wieder, dass hitzeempfindliche Vitamine durch die Teezubereitung größtenteils verlorengehen.

Heidelbeeren wirken entwässernd, entschlackend, entzündungshemmend, blutstillend, beruhigend, wurmaustreibend und blutdrucksenkend. Sie helfen bei Durchfall, bei der Gewichtsreduktion, Rheuma, Blasenschwäche und -entzündung, stärken das Immunsystem, schützen vor Bakterien, Viren und Krebs, beugen Infektionen und Herzerkrankungen vor und fördern die Schleimhautbildung.

Zubereitung:
Für einen Tee überbrühen Sie zwei Esslöffel getrocknete Beeren mit 300 ml kochendem Wasser, lassen dieses noch ca. fünf Minuten leicht köcheln und seihen es danach ab, um es portionsweise unter das Futter zu mengen (kann auch mit den Beeren verfüttert werden).

Himbeerblätter

(Rubus idaeus L.)
Himbeerblätter besitzen einen schwachen Geruch und einen schwach zusammenziehenden, bitteren Geschmack.

Beheimatet ist die Himbeere ist Europa, Asien und Nordamerika. Sie liebt einen windgeschützten, halbschattigen bis sonnigen Standort und kommt vor allem in Waldlichtungen, Waldrändern und Böschungen vor.

In den Blättern sind vor allem Gerbstoffe, überwiegend Ellagitannine, organische Säuren, Flavonoide wie Quercetin und Kampferol, Vitamin C, B_1 und B_2, Kalzium und Eisen. Bedenken Sie aber auch hier wieder, dass hitzeempfindliche Vitamine durch die Teezubereitung größtenteils verlorengehen.

Himbeerblätter wirken zusammenziehend, entzündungshemmend, geburtserleichternd, harn-, galle- und schweißtreibend. Sie helfen bei Blähungen, Magen- und Darmentzündungen, Rheuma, grippalen Infekten, Fieber, Zahnfleischentzündungen, stärken das Immunsystem und das Herz-Kreislauf-System und sind gut für die Haut, besonders bei Entzündungen der Haut.

Zubereitung:
Für einen Tee übergießen Sie zwei Teelöffel Himbeerblätter mit 250 ml kochendem Wasser, diesen lassen Sie 8 bis 15 Minuten ziehen, bevor sie ihn abseihen und portioniert unter das Futter mengen.

Holunder

(Sambucus nigra)
Die Blüten des Holunders duften intensiv süßlich, das Laub dagegen sehr unangenehm. Die Beeren besitzen einen herben, bitteren und die Blüten einen süßlichen Geschmack.

Diese Holunderart ist in Mitteleuropa heimisch. Die Pflanze liebt die Sonne, gedeiht aber auch im Schatten. Lehmböden werden bevorzugt, die Pflanze wächst aber auch auf anderen Böden, stellt also keine besonderen Ansprüche.

Holunderblüten enthalten hauptsächlich ätherische Öle, Flavonoide, hiervon vor allem Rutin. Zudem freie Fettsäuren, Chlorogensäure, Triterpene, Gerbstoffe, Schleimstoffe, Magnesium und Kaliumsalze. Die Früchte enthalten ebenfalls ätherische Öle und Flavonoide, hier hauptsächlich Rutin und Hyperosid. Die Früchte enthalten zudem noch sehr viel Vitamin C, B-Vitamine und Folsäure. Bedenken Sie aber auch hier wieder, dass hitzeempfindliche Vitamine durch die Teezubereitung größtenteils verlorengehen.

Holunder hat eine breit gefächerte Wirkung, er wirkt entzündungshemmend, schweißtreibend, harntreibend, immunstärkend, abführend, anregend, blutreinigend, blutstillend, schleimlösend, pilzabtötend und krampflösend. Holunder hilft bei grippalen Infekten, Fieber, für die Abwehrschwäche, bei Atemwegserkrankungen, Augenentzündungen, Herpesinfektionen, Leber- und Nierenschwäche, Magen- und Darmentzündung, Blähungen, Verstopfung, Blasenentzündung, Diabetes, Neuralgien, Nervosität, Erschöpfung, Ödemen, Furunkeln, Knochen- und Kreislaufschwäche, lindert Schmerzen, Arthritis, Quetschungen, Prellungen, Verstauchungen, Rheuma, Übergewicht, Ekzeme, Abszesse, Hautentzündungen, Insektenstiche, Juckreiz, Verbrennungen, Wunden und fördert die Milchbildung.

Zubereitung:
Für einen Tee übergießen Sie einen Teelöffel getrocknete oder zwei Teelöffel frische Holunderblüten mit 250 ml kochendem Wasser, diesen lassen Sie fünf Minuten ziehen und seihen ihn danach ab, bevor sie ihn portioniert unter das Futter mengen.

Für einen Tee mit Holunderbeeren übergießen Sie einen Esslöffel Beeren mit 250 ml kochendem Wasser, diesen lassen Sie zehn Minuten ziehen und seihen ihn danach ab, bevor sie ihn portioniert unter das Futter mengen.

Hopfen

(Humulus lupulus L.)
Der Hopfen besitzt einen würzig-bitteren und blumigen Geschmack und einen stark aromatischen Geruch.

Seine Heimat ist wahrscheinlich das südliche Europa und Südwest-Asien. Der Gewöhnliche Hopfen ist eine schnell wachsende, kletternde Staude, welche bevorzugt an Hecken, Zäunen und Waldrändern emporrankt. Er liebt nahrhafte, tiefgründige, gleichbleibend feuchte Böden, wächst aber auch an Waldrändern und in Gebüschen auf trockeneren Flächen. Er bevorzugt einen sonnigen bis halbschattigen Platz. Vom Hopfen werden ausschließlich die Ähren (Zapfen) der weiblichen Pflanzen verwendet.

Hopfen enthält hauptsächlich ätherische Öle, Bitterstoffe (u.a. Humulon, Humulen und Lupulin), Gerbstoffe, Harze, Campesterol, Xanthohumol und Mineralstoffe.

Er wirkt antibakteriell, beruhigend, blutreinigend, entzündungshemmend, entspannend, pilzhemmend, schmerzstillend, wundheilend und michbildend. Er hilft bei Unruhe, Nervosität, Angstzustände, nervösen Magenbeschwerden, Magen- und Darmkrämpfen, Verstopfung, Fieber, Blasenentzündung, Blasensteinen, nervösen Herzbeschwerden, Furunkeln, bei der Milchbildung und Wundheilung.

Zubereitung:
Für einen Tee übergießen Sie zwei gehäufte Teelöffel Hopfenzapfen mit 250 ml kochendem Wasser, diesen lassen Sie zehn Minuten ziehen, bevor sie ihn abseihen und portioniert unter das Futter mengen.

Hopfenzapfen

Huflattich

(Tussilago farfara)

Huflattich besitzt einen schwachen Geruch und schmeckt mild und leicht bitter.

Der Huflattich ist in einigen Ländern Europas, Afrikas und in Westasien heimisch. In Nordamerika gilt er als eingebürgert (invasive Pflanze). Die Pflanze bevorzugt das Brachland mit sandigen, lehmigen Böden, ist jedoch äußerst anpassungsfähig. Sie wächst auch auf Äckern, Böschungen, in Steinbrüchen, am Bach- und Flussufer und auf naturbelassenen Wegen.

Huflattich enthält ätherische Öle, Schleimstoffe, Flavonoide, Bitterstoffe, Sterole, Polysaccharide, Mineralstoffe, Zink, Saponine, Hyperin und Inulin.

Huflattich wirkt vor allem auswurffördernd, blutreinigend, blutstillend, beruhigend, zusammenziehend, reizlindernd, schweißtreibend, entzündungshemmend, antibakteriell, erweichend und appetitanregend. Er hilft bei Appetitlosigkeit, Husten, Asthma, grippalen Infekten, Fieber, Ohrenentzündungen, Schleimhautentzündungen, Maul- und Rachenraumentzündungen, Magen- und Darminfekten, regt den Stoffwechsel an, hilft bei Augenentzündungen, Nervenschmerzen, Furunkeln, Ekzemen, leichten Verbrennungen und ist gut für die Wundheilung.

Zubereitung:
Für einen Tee überbrühen Sie einen Teelöffel Huflattich-Blüten und/oder –Blätter mit 250 ml kochendem Wasser und lassen dieses 5 Minuten ziehen, bevor Sie ihn abseihen und den Tee portionsweise unter das Futter mengen.

Ingwerwurzel

(Zingiber officinale)
Der Geruch des Ingwers ist angenehm aromatisch, der Geschmack scharf und würzig.

Die Heimat des Ingwers ist vermutlich in Süd- und Südostasien, genau ist es aber nicht bekannt. Ingwer wird in vielen tropischen und subtropischen Gebieten kultiviert.

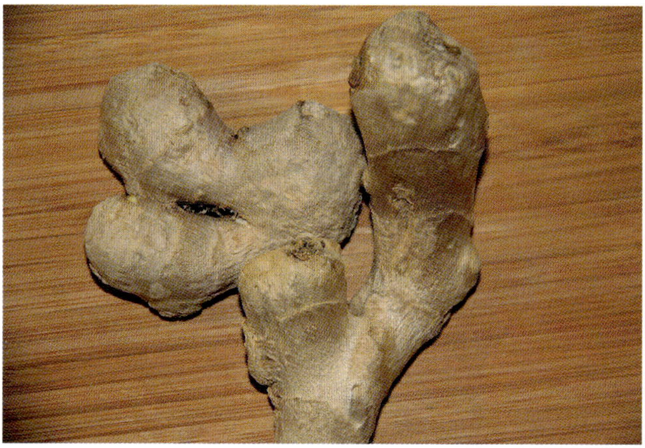

Hauptsächlich enthält die Wurzel verschiedene ätherische Öle, hauptsächlich Zingiberen und Zingiberol, Harzsäuren und neutrales

Harz sowie Gingerol, Stärke, Vitamin C, Magnesium, Eisen, Calcium, Kalium, Natrium und Phosphor. Weiterhin beinhaltet sie Cineol, Borneol, Shogaol und Diarylheptanoide. Bedenken Sie aber auch hier wieder, dass hitzeempfindliche Vitamine durch die Teezubereitung größtenteils verlorengehen.

Ingwerwurzeln wirken appetithemmend, antibakteriell, magenkräftigend, schleimlösend, fiebersenkend, kreislaufanregend, vitalisierend, verdauungsfördernd, durchblutungsfördernd, blutverdünnend, blähungstreibend und krebsvorbeugend. Sie helfen bei Übelkeit, Reizmagen, Blähungen, Magengeschwüren, Koliken, Reizdarm, Durchfall, Rheuma, Arthrose, Arthritis, Gelenkschmerzen, Muskelschmerzen, Schleimhautentzündungen, Husten, grippalen Infekten, Herpes, Wassersucht, Trauma, Verstimmungen, Lustlosigkeit, Angst, Durchblutungsstörungen, Erfrierungserscheinungen, Kreislaufschwäche und Ischialgie.

Zubereitung:
Geben Sie einen gehäuften Teelöffel frischen kleingeschnittenen Ingwer in 500 ml Wasser und lassen diesen ca. 20 Minuten köcheln. Nach dem Erkalten seihen Sie das Ganze ab und geben den Tee portionsweise unter das Futter.

Johanniskraut

(Hypericum perforatum)
Johanniskraut besitzt nur einen schwachen Geruch, der Geschmack des Krautes ist herb-bitter.

Ursprünglich stammt die Pflanze aus Europa/Sibirien. Ihr Vorkommen ist weit verbreitet von Mittelsibirien bis China und Nordafrika. In Ostasien, Nord- und Südamerika, Australien und Neuseeland wurde das Kraut eingeschleppt. Johanniskraut lieb einen sonnigen und trockenen Standort an Wald- und Wegrändern, in Steinbrüchen, an Böschungen, in Magerwiesen und -rasen, in Ginster- und Heidekrautheiden. Sie liebt vor allem einen kalkhaltigen Boden mit einem Lehm-Sand-Gemisch, welcher aber locker und durchlässig sein sollte.

Johanniskraut enthält hauptsächlich ätherische Öle, Flavonoide, Gerbstoffe, Bitterstoffe, Pektin und Cholin das blutrote Hypericin, das in Blüten und Knospen am höchsten ist, und Hyperforin, das in den reifen Früchten enthalten ist.

Achtung! Bei weiß pigmentierten Tieren, die dem Sonnenlicht ausgesetzt werden, sollte auf Johanniskraut (wegen des enthaltenen Hypericins) verzichtet werden.

Johanniskraut wirkt beruhigend, zusammenziehend, abschwellend, entzündungshemmend, schleimlösend, harntreibend, krampflösend, appetitanregend, schmerzstillend, blutstillend und antibakteriell. Das Kraut hilft bei Husten, Fieber, Rheuma, Blasenentzündung, Verdauungsschwäche, Magenbeschwerden, Durchfall, Darmentzündung, Gebärmutterkrämpfen, Angstzuständen, Nervosität, Neuralgien, Epilepsie, Muskelzerrungen, Quetschungen, Verstauchungen, Geschwüren, Ekzemen, Verbrennungen, bei der Wundheilung und lindert Juckreiz.

Zubereitung:
Für einen Tee übergießen Sie einen Teelöffel Johanniskraut mit 250 ml kochendem Wasser, diesen lassen Sie 5 bis 10 Minuten ziehen (getrocknetes Kraut sollte länger ziehen als frisches Kraut), bevor Sie den Tee abseihen und ihn portioniert unter das Futter mengen.

Kamille

(Matricaria chamomilla L.)
Die echte Kamille verströmt einen charakteristischen Geruch, der sie relativ einfach von unechten Kamillen unterscheidet.

Sie ist einjährig und stammt vermutlich ursprünglich aus Süd- und Osteuropa sowie Vorderasien. Sie wächst auf Äckern, Wildwiesen, aber auch auf Brachland, bevorzugt jedoch auf frischen, nährstoffreichen, eher humosen Lehm- und Tonböden und liebt die Sonne.

Da die echte Kamille zu den Lichtkeimern zählt, sollte diese bei der Aussaat nicht mit Erde bedeckt werden.

Der Hauptbestandteil der Kamille ist das ätherische Öl. Das ätherische Öl setzt sich zusammen aus: Bisabolol, Bisabololoxid A und B, Matricin, Matricarin (Sesquiterpenlactone) und Chamazulen. Des Weiteren enthalten die Blüten Flavonoide, Cumarine und Schleimstoffe.

Kamille wirkt entzündungshemmend, immunstärkend, entkrampfend, harntreibend, fiebersenkend, beruhigend, darmregulierend, blutreinigend, wirkt austrocknend, antibakteriell und entzündungshemmend, lindert Blähungen und Nervenschmerzen, ist hilfreich bei Magen-Darm-Erkrankungen und Blasenschwäche, gut bei Husten, lässt Lymphknotenschwellungen schrumpfen, unterstützt die Behandlung von Hauterkrankungen und Allergien und ist hilfreich bei Erkältungskrankheiten.

Zubereitung:
Für einen Tee übergießen Sie ein bis zwei Teelöffel der Kamillenblüten mit 250 ml kochendem Wasser, diesen lassen Sie 10 Minuten ziehen, bevor Sie ihn abseihen und portioniert unter das Futter mengen.

Kerbel

(Anthriscus cerefolium)
Der Echte Kerbel besitzt einen ausgeprägten würzig-süßen Geruch und Geschmack. Geschmacklich erinnert er an eine Mischung aus Anis und Petersilie.

Der Kerbel stammt ursprünglich aus Südosteuropa, Westasien und Südrußland. Die Pflanze benötigt einen halbschattigen feuchten, aber nicht zu nassen Standort. Kerbel wächst am besten auf tiefgründigen, humusreichen Böden.

Hauptsächlich sind in Kerbel Vitamin A und C, Magnesium, Eisen, Zink, Flavonoide, Bitterstoffe, das Flavonglykosid Apiin und ätherische Öle enthalten. Bedenken Sie aber auch hier wieder, dass hitzeempfindliche Vitamine durch die Teezubereitung größtenteils verlorengehen.

Die Pflanze wirkt harntreibend, entwassernd, blutreinigend, schleimlösend, kräftigend, entgiftend und schweißtreibend. Sie hilft bei grippalen Infekten, Fieber, Hauterkrankungen, Ekzemen, Abszessen,

Ödemen, regt die Nieren- und Leberfunktion an, reguliert die Verdauung. Äußerlich angewandt, lindert Kerbel Insektenstiche, den Juckreiz und hilft bei Augenentzündungen.

Zubereitung:
Für einen Tee übergießen Sie einen Teelöffel Kerbel mit 250 ml kochendem Wasser, diesen lassen Sie 10 Minuten ziehen, danach

seihen Sie ihn ab, bevor Sie ihn portioniert unter das Futter mengen.

Koriander

(Coriandrum sativum)

Das Koriandergrün ist sowohl geschmacklich als auch vom Geruch her sehr intensiv, es duftet zitronig-pfeffrig und schmeckt säuerlich-scharf. Der Geschmack der Koriandersamen hingegen ist herb-würzig mit einem etwas süßlichen Nachgeschmack.

Ursprünglich stammt Koriander aus den Regionen des südlichen Europas, Nordafrikas und des Südwesten Asiens. Er liebt sonnige und windgeschützte Lagen. Wächst die Pflanze im Halbschatten, gedeiht das Blattwachstum, in der vollen Sonne ist die Samenernte besser. Die Pflanze liebt einen etwas trockeneren Boden und mag keine Staunässe. Sie bevorzugt leichte, sandige Lagen mit neutralen bis schwach alkalischen Böden.

Hauptsächlich beinhaltet das Koriandergrün ätherische Öle, Vitamine und Mineralstoffe. In den Früchten (*Coriandri fructus*) sind hauptsächlich fettes Öl, ätherische Öle, vor allem Linalool, weiterhin Borneol, Cymen, Campher, Geraniol, Limonen und Pinen, Vitamin C, Flavonoide, Cumarine und Gerbstoffe enthalten. Bedenken Sie aber auch hier wieder, dass hitzeempfindliche Vitamine durch die Teezubereitung größtenteils verlorengehen.

Die einjährige Pflanze wirkt verdauungsfördernd, krampflösend, blähungstreibend, appetitanregend, milchbildend, blutreinigend, antibakteriell und pilzabtötend. Sie hilft bei Appetitlosigkeit, Blähungen, Magen-Darm-Entzündungen, Verstopfung, Magenkrämpfen und Husten. Der Koriander wird auch als »natürliches Antibiotikum« bezeichnet.

Zubereitung:
Für einen Tee übergießen Sie ein bis zwei Teelöffel Korianderblätter mit 250 ml kochendem Wasser, diesen lassen Sie 10 Minuten ziehen, bevor Sie ihn abseihen und portioniert unter das Futter mengen.

Für einen Tee aus Koriander-Samen, werden zwei Teelöffel zerstoßene Samen mit 250 ml kaltem Wasser übergossen und langsam zum Kochen gebracht (Abkochung). Sofort nach dem Kochen den Topf vom Herd nehmen und 10 Minuten ziehen lassen, abseihen und portioniert unter das Futter mengen.

Kümmel

(Carum carvi)
Kümmel hat einen ganz typischen intensiv-aromatischen Geruch und Geschmack.

Mehrere antike Aufzeichnungen belegen, dass der Kümmel das wahrscheinlich älteste Gewürz unserer Erde ist. Die Heimat des Wiesen-Kümmels ist in Vorderasien und den Mittelmeerländern. Wild finden wir ihn an Wegrändern und Wiesen. Er liebt einfache, feuchte Gartenböden, welche das Wasser gut speichern. Sandige oder zu trockene Böden mag er gar nicht. Der Standort sollte sonnig, aber auch mäßig halbschattig und windgeschützt liegen, wenn man ihn in seinem Garten anpflanzen möchte. Die Erntezeit ist im Sommer des zweiten Jahres, nachdem die Blüten braun geworden sind. Es werden dabei die langen Stiele abgeschnitten und in Sträußen gebunden zum Trocknen aufgehängt. Nachdem diese Bündel richtig getrocknet sind, kann der Kümmel ausgerieben werden. Aufbewahrt wird er in herkömmlichen Gewürzdosen.

Kümmel enthält ein ätherisches Öl, das zum größten Teil aus der geruchsbestimmenden Komponente Carvon und verschiedenen Terpenen wie Limonen besteht. Weiterhin sind fettes Öl, Polysaccharide, Proteine, Cumarine und Flavonoide und Beta-Carotin enthalten. Mineralstoffe wie Calcium, Kalium, Magnesium, Phosphor, Schwefel, Eisen, Zink, Kupfer und Fluor sind ebenfalls enthalten. Vitamin B_1, B_2, B_6, Biotin, Niacin, Pantothensäure gehören gleichfalls zu den Inhaltsstoffen von Kümmel.

Zur Anwendung kommen nur die Früchte des Kümmels.

Kümmel wirkt schleimlösend, harntreibend, antibakteriell, appetitanregend, verdauungsfördernd, hilfreich bei Blähungen und Husten, entspannt die Muskulatur im Verdauungstrakt, ist ein gutes Magenmittel, wirkt gegen starken Maulgeruch, fördert die Milchbildung, lindert Zahn- und Ohrenschmerzen, stärkt die Schleimhäute und besitzt eine wachstumshemmende Wirkung auf Bakterien und Mykosen (Pilze).

Zubereitung:
Für einen Tee übergießen Sie einen Esslöffel der zerstoßenen Früchte mit 250 ml kochendem Wasser, diesen lassen Sie 10 Minuten ziehen, bevor sie ihn abseihen und portionsweise unter das Futter mengen.

Achtung! Sammeln Sie Kümmelfrüchte nicht selbst aus der Natur! Denn Kümmel sieht den giftigen Schierlingsfrüchten sehr ähnlich.

Lavendel

(Lavandula angustifolia)

Der typische Lavendelduft, der von den Blüten sowie von den Blättern ausgeht, ist sehr bekannt. Der Duft ist frisch-würzig, aber auch sehr blumig bis parfümartig. Der Geschmack ähnelt etwas dem Rosmarin und ist leicht herb-bitter.

Der echte Lavendel ist eine klassische mediterrane Pflanze und in Spanien und Südosteuropa, aber auch Russland und Großbritannien beheimatet. Die Gattung der Lavendelpflanzen umfasst mehr als 30 verschiedene Lavendelarten. Der Lavendel benötigt einen sehr sonnigen Standort. Da er Nässe nicht so gut verträgt, mag er eine leichte Hanglage oder ein Hochbeet, wo überschüssiges Regen- oder Gießwasser gut ablaufen kann. Die Pflanze benötigt einen kalkhaltigen, kargen, durchlässigen und trockenen Boden.

Der echte Lavendel enthält vor allem ätherisches Öl mit Monoterpenen, Linalylacetat und Linalool, Gerbstoffe, Terpene, Keton, Cumarin, Saponin und Phenolcarbonsäuren.

Lavendel wirkt krampflösend, blähungstreibend, harntreibend, fiebersenkend, wundheilend, beruhigend und leicht antidepressiv, schmerzlindernd, gallefördernd, entzündungshemmend und desinfizierend. Das Kraut hilft bei Asthma, Husten, rheumatischen Schmerzen, Neuralgien, Ödemen, Kreislaufschwäche, Herzbeschwerden, Erschöpfungszuständen, Magenkrämpfen, Nervosität, Nervenschwäche und äußerlich bei entzündeten Wunden.

Zubereitung:
Für einen Tee übergießen Sie einen Esslöffel Lavendelblätter und/oder -Blüten mit 250 ml kochendem Wasser, diesen lassen Sie 5 bis 7 Minuten ziehen, bevor Sie ihn abseihen und portionsweise unter das Futter mengen.

Liebstöckel

(Levisticum officinale)
Sein Geschmack ist ähnlich wie Sellerie, nur etwas schärfer und bitterer, sein Geruch ist stark würzig.

Liebstöckel stammt wahrscheinlich aus dem Nahen oder Mittleren Osten, eventuell auch aus Persien, was aber nicht genau bewiesen ist. Trotz seiner Herkunft ist er eine ausdauernde, mehrjährige und relativ winterfeste Pflanze. Wenn es um die Wahl des Standortes geht, ist er nicht anspruchsvoll, außer dass er viel Platz benötigt.

Liebstöckel liebt nährstoffreiche, feuchte Böden und Sonne, gedeiht aber auch im Halbschatten.

Liebstöckel enthält ätherisches Öl (zum größten Teil Phtalide), Cumarin, Gerbstoff, Harz, Apfelsäure, Vitamin A, B_1, B_2, B_6, C, E, K, Niacin, Biotin, Pantothensäure, Folsäure, Beta-Carotin, Calcium, Kalium, Magnesium, Phosphor, Schwefel, Kupfer, Mangan, Fluor.

Weiterhin sind viele wertvolle Aminosäuren enthalten. Bedenken Sie aber auch hier wieder, dass hitzeempfindliche Vitamine durch die Teezubereitung größtenteils verlorengehen.

Liebstöckel wirkt hauptsächlich beruhigend, krampflösend, blutstillend, entwässernd, immunstärkend, schleimlösend, appetitanregend, magenkräftigend, stoffwechselaktivierend, ist hilfreich bei Rheuma, Ohrenentzündungen, Blähungen und Magenbeschwerden, fördert die Nierentätigkeit, regt die Verdauung an, ist gut für die Leber und unterstützt die Behandlung von Ödemen.

Zubereitung:
Für einen Tee übergießen Sie ein bis zwei Teelöffel Liebstöckelwurzeln mit 250 ml kochendem Wasser, diesen lassen Sie 10 Minuten ziehen, bevor Sie ihn abseihen und portioniert unter das Futter mengen.

Er sollte nicht bei trächtigen und säugenden Hündinnen gegeben werden!

Lindenblüten von der Sommerlinde

(Tilia platyphyllos)
Der Geruch der Blüte ist süß und der Geschmack sehr aromatisch.

Die Sommerlinde ist in Mittel- und Südeuropa heimisch. Man trifft sie häufig in Hangschuttwäldern und Schluchtwäldern, aber auch in Parkanlagen, an Straßen und am Waldrand an. Sie liebt kalkhaltige, etwas feuchte, mineralische, gut mit Humus versorgte Böden.

Lindenblüten enthalten hauptsächlich ätherische Öle, Farnesol, Gerbstoffe, Flavonoide, Saponine und Schleimstoffe.

Die Blüten wirken beruhigend, entspannend, blutreinigen, entzündungshemmend, schleimlösend, hustenreizstillen, harn- und schweißtreiben, fiebersenkend und krampflösend. Sie helfen bei Katarrhen der Atemwege, bei Husten, Halsschmerzen, grippalen Infekten, Appetitlosigkeit, Harnwegsinfekten, Nieren- und Blasenentzündung, Ödemen, Rheuma, Ischialgie, Darmentzündung, Verstopfung, Schlaflosigkeit, Angstzuständen, Furunkeln, senken den Blutdruck, regen die Abwehrkräfte an und helfen bei der Wundheilung.

Zubereitung:

Für einen Tee übergießen Sie ein bis zwei Teelöffel Lindenblüten mit 250 ml kochendem Wasser, diesen lassen Sie 10 Minuten ziehen, bevor Sie ihn abseihen und portioniert unter das Futter mengen.

Löwenzahn

(Taraxacum officinale)
Löwenzahn verströmt einen schwachen, eigenartigen Geruch. Der Geschmack von Löwenzahn ist etwas bitter.

Die Pflanze wächst bevorzugt auf Wiesen und an Wegrändern. Sie vermehrt sich, indem die braunen Früchte mit Hilfe einer Art Fallschirm vom Wind verteilt werden. Löwenzahn ist auf der nördlichen Halbkugel heimisch.

Löwenzahn enthält Bitterstoffe, Flavonoide, Cumarine, Phytosterole, viel Beta-Carotin, Triterpene, Lutein, Inulin, Vitamin C, B_1, B_2, K, E, Cholin, Pantothensäure, Kalium, Calcium, Magnesium, Phosphor und Eisen. Bedenken Sie aber auch hier wieder, dass hitzeempfindliche Vitamine durch die Teezubereitung größtenteils verlorengehen.

Löwenzahn wirkt harntreibend, blutreinigend, krebshemmend, appetitanregend, lindert Hauterkrankungen und Entzündungen der Atemwege, stärkt das Immunsystem, ist hilfreich bei Leber-, Gallen- und Verdauungsbeschwerden, gut bei Rheuma und Blähungen.

Zubereitung:

Für einen wirkungsvollen Teeaufguss eignet sich vor allem der Kaltauszug aus getrockneten Wurzeln. Das bedeutet, dass für eine Tasse Tee ein Teelöffel getrockneter Löwenzahnwurzeln über Nacht in 250 ml kaltem Wasser angesetzt wird. Am Folgetag wird der Auszug erwärmt und abgeseiht, und kann dann löffelweise dem Futter beigemengt werden.

Für eine weitere Teevariante übergießen Sie ein bis zwei Teelöffel getrockneter Löwenzahnblätter und -blüten mit 250 ml kochendem Wasser, diesen lassen Sie 10 Minuten ziehen, bevor Sie ihn unter das Futter mengen.

Majoran

(Origanum majorana)
Geschmacklich erinnert frischer Majoran an seinen engen Verwandten Oregano. Er ist nicht so bitter wie Oregano und etwas süßlich.

Ursprünglich stammt wilder Majoran aus Nordafrika, den Mittelmeerländern, Südwestasien und Vorderindien. Majoran ist selbstunverträglich, sein Standort sollte daher immer wechseln. Wo er einmal stand, sollte er in den nächsten drei bis vier Jahren nicht wieder angepflanzt werden. Sein Standort sollte vollsonnig sein in einem Boden aus lockerer humusreicher Erde.

Majoran enthält ätherische Öle, Bitterstoffe, Gerbstoff, Gerbsäure, Flavonoide, Saponine, Arbutin, Borneol, Eugenol, Geraniol, Limonen, Menthol, Oleanolsäure, Rosmarin-Säure, Terpinolene, Terpentin und Thymol. Vitamin A, B_1, B_2, C, Niacin, Beta-Carotin, Calcium, Kalium, Eisen, Kupfer, Mangan und Magnesium sind ebenfalls Inhaltsstoffe von Majoran. Bedenken Sie aber auch hier wieder, dass hitzeempfindliche Vitamine durch die Teezubereitung größtenteils verlorengehen.

Majoran wirkt harntreibend, antibakteriell, appetitanregend, entzündungshemmend, stärkt das Immunsystem, hilft bei Magen- und Darm-Erkrankungen, Blähungen und Magenkrämpfen, Durchfall und bei Verdauungsschwäche, lindert trockenen Husten, Schnupfen und Rheuma, reduziert Schimmel- und Hefepilze, wirkt gegen Schwellungen und Juckreiz des Gesäuges und wird ebenfalls zur Stärkung nach einer Krankheit eingesetzt.

Zubereitung:
Für einen Tee übergießen Sie ein bis zwei Teelöffel Majoran mit 250 ml kochendem Wasser, diesen lassen Sie 10 Minuten ziehen, bevor Sie ihn abseihen und portioniert unter das Futter mengen.

Malve

(Malva sylvestris L.)
Die Malve besitzt einen kaum wahrnehmbaren Geruch und einen leicht säuerlichen, schleimigen Geschmack.

Ursprünglich stammt die Malve aus dem südlichen Eurasien. Die Pflanze ist weit verbreitet, sie kommt in vielen Ländern Europas vor und erstreckt sich bis in die subtropischen Zonen der nördlichen Halbkugel. Die wilde Malve finden wir an Weg- und Feldrändern, Schuttplätzen, an Mauern oder Hauswänden. Die Malve benötigt einen gut durchlässigen, nährstoffreichen, sandigen, leicht kalkhaltigen Boden und einen sonnigen bis halbschattigen Standort. Staunässe und einen torfhaltigen Boden mag sie absolut nicht.

Die wichtigsten Inhaltsstoffe dieser Pflanze sind Schleimstoffe, die aus Zuckermolekülen wie Galactose, Glucose und Glucuronsäure bestehen, in den Blüten sind noch Anthocyane, zum Beispiel die Substanz Malvin, enthalten.
In Malvenblüten finden sich ebenfalls Schleimstoffe. Sie sind ähnlich aufgebaut und kommen in vergleichbaren Mengen wie in den Blättern vor. Daneben stecken in den Blüten Anthocyane.

Die Pflanze wirkt schleimhautschützend, antibakteriell und reizlindernd. Sie hilft bei Magen- und Darmschleimhautentzündungen, Magen- und Darmgeschwüren, Hämorrhoiden, grippalen Infekten, Bronchitis, Fieber, Hautentzündungen, Ekzemen, Maul- und Rachenentzündungen und ist hilfreich bei der Wundheilung.

Zubereitung:
Für einen Tee übergießen Sie ein bis zwei Teelöffel Malvenblüten mit 250 ml kochendem Wasser, diesen lassen Sie 8 bis 10 Minuten ziehen, bevor Sie ihn abseihen und portioniert unter das Futter mengen.
Sie können auch einen Kaltauszug herstellen. Dazu werden ein bis zwei Teelöffel Malvenblüten oder -blätter mit 250 ml handwarmem Wasser übergossen und für 7 bis 9 Stunden ziehen gelassen. Nach dem Abseihen portionieren und unter das Futter geben.

Mariendistelfrüchte

(Cardui mariae fructus)
Der Geruch von Mariendistelfrüchten ist sehr schwach und kaum wahrnehmbar. Die Fruchtschalen haben einen bitteren, etwas salzigen Geschmack.

Die Heimat der *Mariendistel* ist das Mittelmeergebiet und der Orient. Die Pflanze kommt vor allem in Südeuropa, Nordafrika und Westasien vor. Sie wächst auf trockenen steinigen Böden, zum Beispiel an Wegrändern, auf Viehweiden oder Schuttplätzen.

Die Mariendistelfrüchte enthalten Silymarin, dies ist ein Gemisch der Flavanonolderivate Silibinin, Isosilibinin, Silicristin und Silidianin, außerdem Bitterstoffe, Schleimstoffe, fettreiches Öl, bestehend aus Fettsäuren wie Linol- und Ölsäure sowie ätherische Öle und reichlich Eiweiß.

Die Früchte wirken leberentgiftend, leberschützend, leberstärkend, leberzellbildend, galletreibend, verdauungsfördernd, zirkulationsfördernd, krampflösend im Galle-Darmbereich und entzündungshemmend. Mariendistelfrüchte helfen bei Gallen- und Verdauungsbeschwerden, Verstopfung, Übelkeit, Lebererkrankungen, Leberentzündung, Leberzirrhose, Fettleber, Vergiftungen der Leber, Beschwerden im Milzbereich, Schlaflosigkeit, Herz- und Kreislaufbeschwerden.

Zubereitung:
Überbrühen Sie hierzu einen Teelöffel zuvor zerstoßener Mariendistelfrüchte mit 250 ml siedend heißem Wassers. Lassen Sie den Tee etwa 10 Minuten lang ziehen und seihen Sie die Früchte anschließend ab, bevor Sie den Tee portioniert unter das Futter geben.

Melisse

(Melissa officinalis L.)
Charakteristisch für Zitronenmelisse ist der zitronenartige Duft der Blätter. Reibt man die Blätter zwischen den Fingern, entfaltet sich

der Duft. Melisse besitzt einen besonderen Geschmack mit leicht bitterer Note.

Die Heimat der Zitronenmelisse sind das östliche Mittelmeergebiet und Westasien. Die Pflanze gedeiht sowohl in der Sonne als auch im Halbschatten und liebt einen nährstoffreichen, humosen und feuchten Boden ohne Staunässe.

Die Melisse enthält neben ihrem ätherischen Öl Citral, Geranial, Neral und Citronellal, Thymol, auch Bitterstoffe, Gerbstoffe, Harz, Schleim, Glykosid, Saponin, Flavonoide und Mineralsalze wie Calcium, Kalium, Magnesium, Phosphor, Mangan, Zink, Eisen, Kupfer, außerdem Vitamin A, C, B_1, B_2, B_6, E, K. Folsäure, Niacin, Beta-Carotin und Oantothensäure sind ebenfalls Inhaltsstoffe der Zitronenmelisse. Bedenken Sie aber auch hier wieder, dass hitzeempfindliche Vitamine durch die Teezubereitung größtenteils verlorengehen.

Zitronenmelisse wirkt hauptsächlich krampflösend, virushemmend, antibakteriell, pilzabtötend, appetitanregend, blutdrucksenkend, schmerzlindernd, beruhigt den Magen und die Nerven, lindert Zahn-, Ohrenschmerzen und Asthma, kräftigt das Herz, ist hilfreich bei Erkältungen, Fieber und bei Blähungen, stärkt die Leber und ist hilfreich bei Milchstau.

Zubereitung:
Für einen Tee übergießen Sie drei Teelöffel Zitronenmelisse mit 250 ml kochendem Wasser, diesen lassen Sie 10 Minuten ziehen, bevor Sie ihn portioniert unter das Futter mengen.

Minze

(Mentha)
Die Minze besitzt ein sehr erfrischendes und unvergessliches Aroma.

Die meisten Arten sind in den gemäßigten Gebieten der Nordhalbkugel sowohl in Eurasien als auch in Nordamerika beheimatet. Es gibt jedoch so viele Arten und die dazugehörige Heimat, dass ich diese nicht einzeln auflisten möchte. Die Minze kann sowohl im Freiland als auch auf dem Balkon oder der Terrasse in Kübeln kultiviert werden. Sie liebt einen warmen, leicht sonnigen bis halbschattigen Platz. Der Boden sollte locker, humos, lehmig oder sandig und feucht sein. Die Minze ist nicht anspruchsvoll und gedeiht daher auf vielen Böden, welche ausreichend Nährstoffe beinhalten.

Ätherische Öle, insbesondere das Menthol, und in kleinen Mengen Bitter- und Gerbstoffe sowie Flavonoide, Valeriansäure, Lipide und Enzyme sind die Inhaltsstoffe der Minze. Vitamin B_1, B_2, A, C, E, K, Niacin, Pantothensäure, Folsäure, Calcium, Kupfer, Ballaststoffe, Beta-Carotine, Eisen, Magnesium, Mangan, Niacin, Phosphor, Kalium und etwas Zink sind ebenfalls enthalten. Bedenken Sie aber auch hier wieder, dass hitzeempfindliche Vitamine durch die Teezubereitung größtenteils verlorengehen.

Minze wirkt antibakteriell, antiviral, beruhigend, krampflösend, krebsvorbeugend, entzündungshemmend, herz- und nierenkräftigend, kühlend, schmerzlindernd, appetitanregend, verdauungsanregend, lindert Schmerzen, vor allem Zahn-, Nerven- und Rheumaschmerzen, ist hilfreich bei Durchfall, regt Gallenfluss und Gallensaftproduktion an, ist hilfreich bei Erkältungskrankheiten, lindert Blähungen und Übelkeit, ist gut bei Magen- und Darmbeschwerden.

Zubereitung:
Für einen Tee übergießen Sie zwei Teelöffel Minze mit 250 ml kochendem Wasser, diesen lassen Sie 8 bis 10 Minuten ziehen, bevor Sie ihn abseihen und portioniert unter das Futter mengen.

Oregano

(Oreganum vulgare)
Oregano besitzt einen ausgeprägt herb-aromatischen Duft und Geschmack.

Die Heimat dieser Pflanze ist der Mittelmeerraum.
Oregano benötigt einen sonnigen bis halbschattigen und warmen Standort. Auf einem durchlässigen und mäßig feuchten Boden aus Sand, Lehm und feinem Kies fühlt er sich am wohlsten.

Inhaltsstoffe von Oregano sind vor allem die Gerb- und Bitterstoffe sowie die ätherischen Öle Thymol, Carvacrol, Cymol und Borneol. Weiterhin sind Vitamin C, B_1, B_2, B_6, E, K, Niacin, Pantothensäure, Folsäure, Cholin, Kalium, Calcium, Magnesium, Kupfer, Mangan und Tannine enthalten. Bedenken Sie aber auch hier wieder, dass hitzeempfindliche Vitamine durch die Teezubereitung größtenteils verlorengehen.

Oregano wirkt appetitanregend, bindegewebskräftigend, schleimlösend, fiebersenkend, antiseptisch und antiviral, lindert Husten und Blähungen, ist hilfreich bei Hals- und Zahnschmerzen, Rheuma und

Verdauungsstörungen, beruhigt das Zentralnervensystem, erhöht die Muskeltätigkeit des Darmes, wirkt bei Pilzbefall des Darmes, vertreibt Würmer, unterstützt Leber und Nieren und ist gut bei Hauterkrankungen.

Zubereitung:
Für einen Tee übergießen Sie einen Teelöffel Oregano mit 250 ml kochendem Wasser, diesen lassen Sie 10 bis 20 Minuten ziehen, bevor Sie ihn abseihen und portionsweise unter das Futter mengen.

Petersilie

(Petroselinum crispum)
Petersilie besitzt einen stark aromatischen Geruch und einen würzigen Geschmack.

Petersilie stammt aus dem Mittelmeerraum und wird seit der Antike kultiviert. Die Pflanze wird wie viele andere Kräuter auch häufig als Staudenpflanze im Fachhandel verkauft und kann praktisch auf jeder Fensterbank einen Platz finden. Wird sie ins Freiland gepflanzt, sollte sie möglichst einen halbschattigen Standort bekommen. Den Boden rund um die Petersilie sollten Sie von Zeit zu Zeit immer wieder mit einer Harke leicht auflockern. Auch benötigt die Gewürzpflanze regelmäßig Wasser, aber keine Staunässe.

Petersilie ist reich an Vitamin A, B_1, B_2, B_6, C, K, E und Biotin. Enthalten sind auch Mineralstoffe wie Eisen, Kalium, Calcium, Mangan, Phosphor, Zink sowie Carotin, Folsäure, Pantothensäure und Schleimstoffe. Ätherische Öle, Thymol, Apiin, Apiol, Apiolin, Flavonoide, Furocumarin, Gerbsäure, Glykoside, Myristicin, Salicylate, Umbelliferon und Violaxanthin sind ebenfalls enthalten. Weitere

Bestandteile sind Melatonin, Phtalide, Gerbsäure und Kieselsäure. Bedenken Sie aber auch hier wieder, dass hitzeempfindliche Vitamine durch die Teezubereitung größtenteils verlorengehen.

Petersilie wirkt harntreibend, schleimlösend, potenzfördernd, appetitanregend, blutreinigend und antimikrobiell, hilfreich bei Verdauungsstörungen und Blähungen, gut für die Blase und lindert deren Entzündungen, gut bei Leberleiden und Nierensteinen, fördert die Wehentätigkeit, reinigt die Gebärmutter nach der Geburt, regt den Kreislauf an und wirkt vitalisierend, unterstützt die Blutbildung und ist hilfreich bei Rheuma und Maulgeruch.

Zubereitung:
Für einen Tee übergießen Sie ein bis zwei Teelöffel Petersilie mit 250 ml kochendem Wasser, diesen lassen Sie 8 bis 10 Minuten ziehen, bevor Sie ihn portioniert unter das Futter mengen.

Petersilie sollte nicht trächtigen Hündinnen gegeben werden, denn dies kann zu einer Fehlgeburt führen.

Portulak

(Portulaca oleracea L.)
Der Geschmack der jungen Blätter ist etwas säuerlich und leicht nussig. Geruch ist kaum vorhanden.

Der Portulak ist ursprünglich im Mittelmeerraum und Kleinasien heimisch. Heute findet man diese Pflanze weltweit in den gemäßigten Klimazonen. Sie bevorzugt einen sonnigen bis halbschattigen Standort mit einem sandigen, stickstoffreichen Boden. Die Pflanze ist recht anspruchslos und wächst auf feuchtem (nicht nassen) Boden besonders gut.

Portulak enthält viele Vitamine, wie z. B. Vitamin C, B_1, B_2, B_6, E, K, Provitamin A, Folsäure, Cholin, Mineralstoffe wie Calcium, Natrium, Phosphor, Kalium, Magnesium, Eisen, Zink, Flavonoide, Schleimstoffe, Cumarine und Saponine. Bedenken Sie aber auch hier wieder, dass hitzeempfindliche Vitamine durch die Teezubereitung größtenteils verlorengehen.

Die Pflanze wirkt blutreinigend, blutstillend, entzündungshemmend, antibakteriell, erfrischend, erweichend, harn- und wurmtreibend. Sie hilft bei Husten, Fieber, Zahnfleischentzündungen, Verdauungs- und Nierenschwäche, Blasenentzündung, Magenschleimhaut- und Darmentzündung, Darmparasiten, Verstopfung und Nervenleiden.

Zubereitung:
Für einen Tee übergießen Sie einen Esslöffel frischer Portulakblätter mit 250 ml kochendem Wasser, diesen lassen Sie 5 Minuten ziehen, bevor Sie ihn abseihen und portionsweise unter das Futter mengen.

Ringelblume

(Calendula officinalis)
Die älteren Blätter der Pflanze schmecken bitterer als die jungen, sonst schmeckt sie pikant bis würzig. Die Blüten schmecken schwach salzig und etwas bitter. Ihr Geruch wird als eigenartig süßlich-würzig duftend beschrieben.

Die Ringelblume stammt vermutlich ursprünglich aus den mediterranen Gebieten Europas. Es sind ca. 20 Arten bekannt. Sie gedeiht auf allen Böden und in allen Lagen. Ein vollsonniger Standort erhöht die Blütenpracht. Kurze Trockenphasen und kurze Staunässe kann sie vertragen, regelmäßige Wassergaben helfen der Pflanze, sich gut zu entwickeln und prächtiger zu blühen. Ein nährstoffreicher und lockerer Boden wird bevorzugt.

Die Ringelblume enthält hauptsächlich ätherisches Öl mit Sesquiterpenen (u.a. Cadinol), Carotinoide, Flavonoide, Tripterpenalkohole, Glykoside, Schleim- und Bitterstoffe, Salizylsäure, Beta-Sitosterol, Calendula-Sapogenin, Stigmasterol, Saponine, Taraxasterol, Violaxanthin, Xanthophylle und Vitamin C. Bedenken Sie aber auch hier wieder, dass hitzeempfindliche Vitamine durch die Teezubereitung größtenteils verlorengehen.

Die Pflanze wirkt entzündungshemmend, antibakteriell, zusammenziehend, krampflösend, wundheilend, schmerzstillend, befeuchtend, abschwellend, anregend, pilzhemmend, schweißtreibend und kühlend. Sie hilft bei Brechreiz, Leber- und Gallenbeschwerden, Magen- und Darmstörungen, Ängsten, Zerrungen, Quetschungen, Furunkeln, Hautleiden, Entzündungen und Vereiterungen der Haut, Schnittwunden und Warzen. Hauptsächlich wird die Ringelblume äußerlich angewendet.

Zubereitung:
Für einen Tee übergießen Sie einen Esslöffel getrockneter Ringelblumenblüten mit einem Liter kochendem Wasser, diesen lassen Sie 5 Minuten ziehen, bevor Sie ihn abseihen und portionsweise unter das Futter mengen.

Rosmarin

(Rosmarinus officinalis)
Die zur Anwendung kommenden tannenähnlichen Blättchen schmecken nach ihren optischen Verwandten etwas harzig, besitzen aber auch ein ganz eigenes Aroma, welches schwer zu beschreiben ist.

Rosmarin ist ein typisches mediterranes Kraut, die Pflanze stammt aus dem Mittelmeerraum. Rosmarin benötigt eine vollsonnige, geschützte warme Lage, am besten vor einer Südwand, dennoch sollte die Pflanze vor der Morgensonne im Frühjahr geschützt werden. Lockere, humusreiche, trockene, sandige Erde mit Kalk oder kalkhaltigen Steinchen wird als Bodengrund benötigt.

Rosmarin enthält vorwiegend die ätherischen Öle und Duftstoffe Kampfer, Verbanol, Eugenol, Limonen, Cineol, Borneol, Terpinol und Thymol. Aber auch Harze, Gerbstoffe, Flavonoide, Bitterstoffe, Pflanzensäuren, Salicylate und Saponine sind enthalten. Calcium,

Kalium, Magnesium und Zink sind ebenfalls Inhaltsstoffe von Rosmarin.

Rosmarin wirkt appetitanregend, antibakteriell, pilztötend, vitalisierend, entzündungshemmend, blutreinigend, kreislaufanregend, schmerzlindernd, wirkt gegen Durchfall, löst Krämpfe und ist hilfreich bei Blähungen, lindert Entzündungen im Maul-Rachen-Raum, ist gut für die Haut, hilfreich bei Nervenentzündungen, stärkt Herz und Kreislauf und unterstützt die Rheumatherapie.

Zubereitung:
Für einen Tee übergießen Sie einen Teelöffel Rosmarin mit 250 ml kochendem Wasser, diesen lassen Sie 15 Minuten ziehen, bevor Sie ihn abseihen und portionsweise unter das Futter mengen.

Salbei

(Salvia officinalis)
Salbei besitzt einen unbeschreiblichen, kräftigen Duft, welcher auch gerne als reines Öl für die Aromatherapie seine Anwendung findet.

Der wärmeliebende echte Salbei stammt ursprünglich aus dem Mittelmeerraum und ist nur bedingt winterhart. Er gedeiht am besten an einem vollsonnigem Standort auf kalkreichen, steinigen Böden ohne Staunässe.

In Salbei sind vor allem ätherische Öle, d-Kampfer, Salviol, Salven, Betulin, Asparagin, Borneol, Carnosinsäure, Cineol, Menthol, Terpineol, Thujon, Thymol, Bitterstoff, Flavonoide, Fumarsäure, Gerbsäure, Harz, Ledol, Limonen, östrogenartige Stoffe, Oleanolsäure, Pinen, Sabinol, Salizylsäure, Saponine, Magnesium,

Calcium und Zink sowie Vitamine, unter anderem Vitamin C enthalten. Bedenken Sie aber auch hier wieder, dass hitzeempfindliche Vitamine durch die Teezubereitung größtenteils verlorengehen.

Salbei wirkt vor allem antibakteriell, antiviral, blutstillend, harntreibend, krampflösend, magen- und leberkräftigend. Die Pflanze ist gut bei Hauterkrankungen, Durchfall, Husten und bei Lungenschwäche, lindert Schmerzen bei geschwollenen Milchleisten und hemmt die Milchbildung, regt die Wundheilung an, ist gut bei Verdauungsschwäche und Verstopfung, ist hilfreich bei Zahnfleischentzündungen und Zahnfleischbluten, lindert Nervenschwäche und Hals- und Rachenentzündungen und wirkt sich positiv auf Gehirn, Augen und Drüsen aus.

Zubereitung:
Für einen Tee übergießen Sie ein bis zwei Teelöffel Salbeiblätter mit 250 ml kochendem Wasser, diesen lassen Sie 15 Minuten ziehen, bevor Sie ihn portioniert unter das Futter mengen.
Bei trächtigen Hunden seien Sie bitte vorsichtig mit der Zugabe von Salbeiblättertee.

Sanikel

(Sanicula europaea)
Der Sanikel riecht sehr intensiv würzig und der Geschmack ist bitter.

Die Pflanze ist in Europa vom Mittelmeergebiet bis Skandinavien beheimatet. Sie kommt in Europa, Nordafrika und Westasien vor. Der Wald-Sanikel ist nicht nur in Deutschland weit verbreitet, sondern in ganz Europa, Nordafrika, Kleinasien, dem Kaukasus, Sibirien und Iran, wächst aber nur zerstreut. Er liebt schattige, mäßig trockene Plätze und benötigt kalkhaltigen, frischen, humusreichen Lehm- oder Tonboden.

Die wichtigsten Inhaltsstoffe dieser Pflanze sind Saponine, Gerbstoffe, ätherische Öle, Flavonoide, Allantoin, Schleim- und Bitterstoffe. Sanikel wirkt zusammenziehend, blutstillend, wundheilend und wundreinigend. Die Pflanze hilft bei Blähungen, Durchfall, Magenbeschwerden, Husten, Zahnfleischentzündungen, Geschwüren und äußerlich sehr gut bei Hautausschlägen, Zerrungen, Quetschungen und bei der Wundbehandlung.

Zubereitung:
Für einen Tee übergießen Sie einen Teelöffel Sanikel mit 250 ml kochendem Wasser, diesen lassen Sie 10 Minuten ziehen, bevor Sie ihn portioniert unter das Futter mengen.

Vorsicht bei der inneren Anwendung, nicht zu häufig und auf gar keinen Fall über einen längeren Zeitraum anwenden. Die Pflanze eignet sich für die innere Anwendung am besten als Mischtee. Für die äußere Anwendung als Auflagen und Heilbäder hat er sich bei Hunden bestens bewährt.

Sauerampfer

(Rumex acetosa)
Sauerampfer besitzt einen angenehm zitronenartigen Geruch und Geschmack.

Der Wiesen-Sauerampfer ist in den Ländern Mittel- und Westeuropas heimisch. Er wächst im Halbschatten, aber auch in voller Sonne. Sauerampfer mag tiefgründigen und mittelschweren Boden, die Erde sollte immer feucht gehalten werden.

In dieser Pflanze sind Vitamin C, A, B_1, B_2, B_6, E, Flavonoide, Oxalsäure, Kaliumoxalat, Gerb- und Bitterstoffe, Hyperosid und die Mineralstoffe Magnesium, Calcium, Mangan, Kupfer, Zink, Phosphor und Eisen nennenswerte Inhaltsstoffe.
Der Sauerampfer wird am besten von April bis Juni vor der Blüte geerntet.
In Zeiten, in denen vitaminreiche Kost Mangelware war, wurde Sauerampfer verzehrt, um Skorbut zu heilen. Bedenken Sie aber auch

hier wieder, dass hitzeempfindliche Vitamine durch die Teezubereitung größtenteils verlorengehen.

Sauerampfer wirkt hauptsächlich fiebersenkend, harntreibend, wundheilend, blutbildend und blutreinigend, gut bei Durchfall, Magenbeschwerden, Hauterkrankungen und bei Leberschwäche, regt die Verdauung an, treibt Würmer aus und hilft bei Schwellungen.

Zubereitung:
Für einen Tee übergießen Sie einen Esslöffel Sauerampfer mit 250 ml kochendem Wasser und lassen ihn 8 bis 10 Minuten ziehen, bevor Sie ihn abseihen und portioniert unter das Futter mengen.

Sauerampfer soll wegen des hohen Anteils an Oxalsäure nicht bei trächtigen und säugenden Hündinnen gegeben werden oder Hunden, die unter Nierensteinen leiden.

Schafgarbe

(Achillea millefolium)
Schafgarbe duftet herb-würzig, sie schmeckt als junge Pflanze würzig und leicht bitter, als ältere Pflanze stärker bitter und zusammenziehend.

Sie ist in ganz Europa heimisch, bis hoch zum Polarkreis. Die Pflanze bevorzugt sonnige, trockene Standorte auf Wiesen, Heiden, Weiden und an Wegrändern mit durchlässigen Böden.

Hauptsächlich beinhaltet die Schafgarbe ätherische Öle, Proazulen, Gerbstoffe, Flavonoide, Bitterstoffe, Alkaloide, Triterpene und Mineralstoffe, vor allem Kalium.

Schafgarbe wirkt vor allem appetitanregend, entzündungshemmend, antibakteriell, krampflösend, blutreinigend und fördert die Produktion von Verdauungssäften. Sie hilft bei grippalen Infekten, Blähungen, Verdauungsschwäche, Gallenbeschwerden, Gastritis, Nierenschwäche, Diabetes, Rheuma, Neuralgien, Herz- und Kreislaufschwäche, Durchblutungsstörungen, Ekzemen, Geschwüren, rissigen Fußballen und bei der Wundheilung.

Zubereitung:
Für einen Tee übergießen Sie einen Esslöffel frischen Krauts oder einen Teelöffel getrockneten Krauts mit 250 ml kochendem Wasser und lassen ihn 10 bis 15 Minuten ziehen, bevor Sie ihn abseihen und portioniert unter das Futter mengen.

Schlüsselblume

(Primula veris)

Der Geruch dieser Pflanze ist leicht süßlich wie ihr Geschmack, und die Wurzeln duften etwas nach Anis.

Die Schlüsselblume ist eine einheimische Pflanze, sie kommt in ganz Europa und Vorderasien vor. Die echte Schlüsselblume liebt einen sonnigen bis halbschattigen Standort auf trockenem Boden. Sie wächst auf trockenen Wiesen, in lichten Laubwäldern und an Waldrändern.

Schlüsselblumen beinhalten hauptsächlich Flavonoide, Saponine, ätherische Öle, Gerbstoffe, Glykoside, Kieselsäure und andere wertvolle Mineralstoffe. Für einen Tee werden die Blüten, die Blätter und die Wurzeln verwendet.

Die Schlüsselblume wirkt abführend, auswurffördernd, harntreibend, krampflösend, beruhigend, fiebersenkend, stoffwechselanregend, schmerzstillend, herzkräftigend und entzündungshemmend. Sie hilft bei grippalen Infekten, Husten, Zahnfleischentzündung, Rheuma, Herzschwäche, Neuralgien, Nervosität, Ödemen, Wassersucht, Verstopfung, Prellungen und Maulfäule.

Zubereitung:
Für einen Tee übergießen Sie zwei Teelöffel Schlüsselblumen mit 250 ml kochendem Wasser und lassen ihn 10 Minuten ziehen, bevor Sie ihn abseihen und portioniert unter das Futter mengen.

Schwarzkümmel

(Nigella sativa)
Schwarzkümmel besitzt einen ganz schwachen Geruch. Geschmacklich erinnert er an Eukalyptus und würziges Baumharz, gemixt mit einem Hauch Thymian, Bohnenkraut und frischen Wahlnüssen. Kurz gesagt: würzig, nussig, rauchig und etwas scharf.

Die ursprüngliche Heimat des Schwarzkümmels ist in Westasien der Irak und die Türkei.

Möchte man den Schwarzkümmel in seinem eigenen Garten wachsen sehen, dann benötigt er einen sonnigen, durchlässigen und humosen Boden.

Schwarzkümmel beinhaltet hauptsächlich Thymoquinon, ätherische Öle, fettes Öl, unter anderem Omega-3-Fettsäuren, Aminosäuren, Bitterstoffe, Fettsäuren (Linolsäure, Linolensäure, Myristinsäure), Sterole, Campesterol, Saponine, Triterpensaponine, Cycloartenol, Asparagin, Alkaloide (Nigellidin und Nigellicin),

Isochinolinalkaloide, Alpha-Pinen, Beta-Amyrin, Niacin, Gerbsäuren, Harz, Calcium, Natrium, Eisen, Vitamin A, B_1, B_2 und C.

Schwarzkümmel wirkt verdauungsfördernd, schweißtreibend, immunstärkend, anregend, antibakteriell, pilzabtötend, blutdrucksenkend, allergielindernd, wurmaustreibend, krebshemmend und harntreibend. Er hilft bei Asthma, Keuchhusten, Bronchitis, Immunschwäche, Allergien, regt die Milchbildung an, hilft bei Lebererkrankungen, Blähungen, Durchfall, Krämpfen, Magenschmerzen, Verdauungsbeschwerden, Gallenschwäche, Übersäuerung, Wurmbefall, Parasitenbefall, Pilzinfektionen, Hautpilz, Insektenstichen, Ekzemen, ist gut für die Wundheilung und unterstützt die Krebstherapie.

Zubereitung:
Für einen Tee übergießen Sie zwei Teelöffel zerstoßener Schwarzkümmelkörner mit 250 ml kochendem Wasser und lassen ihn fünf Minuten ziehen, bevor Sie ihn abseihen und portioniert unter das Futter mengen.

Spitzwegerich

(Plantago lanceolata)

Spitzwegerich ist fast geruchlos. Der Geschmack von Spitzwegerich ist schleimig, leicht salzig und gleichzeitig etwas bitter.

Der Spitzwegerich ist in Europa beheimatet. Er kommt häufig an Wegrändern und auf Wiesen und Weiden vor. Auf trockenen Böden bleibt die Laubrosette klein. Möchte man Spitzwegerich aussäen, so geschieht dies im Herbst, in dem der Samen in die Wiesen gestreut wird, ohne die Saat zu bedecken. Der Boden sollte locker und nicht zu trocken sein. Die jungen Blätter des Spitzwegerichs können Sie von April bis Ende September selbst sammeln. Wählen Sie Blätter aus der Pflanzenmitte, da diese jungen Blätter den höchsten Wirkstoffgehalt besitzen. Getrocknete Blätter erhalten Sie in Drogerien und Apotheken.

Spitzwegerich enthält Iridoidglycoside wie Aucubin, Catalpol, Asperulosid, Schleimstoffe, Gerbstoffe, Kieselsäure, Saponine, Flavonoide, ätherisches Öl, Vitamin C, Magnesium, Calcium, Mangan, Kupfer, Zink und Phosphor. Wertvolle Aminosäuren wie zum Beispiel Alanin, Arginin, Isoleucin, Leucin, Lysin, Methionin, Prolin, Valin sind ebenfalls enthalten. Iridoide gelten als natürliches Antibiotikum. Bedenken Sie aber auch hier wieder, dass hitzeempfindliche Vitamine durch die Teezubereitung größtenteils verlorengehen.

Spitzwegerich wirkt vor allem blutreinigend, blutstillend, appetitanregend, antibakteriell, entzündungshemmend, harntreibend, schleimlösend, gut bei Asthma, Bronchitis, Erkältungskrankheiten, hilft bei Leberschwäche, Augenentzündungen, Blasenschwäche, Fettsucht, Ödemen, Durchfall und bei Verstopfung (Regulierung), lindert Magen- und Darmschleimhautentzündungen, wirkt gegen Soor (Candida albicans), hilfreich bei leichten Verbrennungen, gut für die Haut, fördert die Wundheilung und lindert Insektenstiche und Quetschungen.

Zubereitung:
Um einen Spitzwegerich-Tee zuzubereiten, pflücken Sie circa zwei Teelöffel junge Blätter und übergießen Sie diese mit 250 ml kochendem Wasser. Nach 10 Minuten seihen Sie die Blätter ab und geben den Tee portionsweise über das Futter.

Stiefmütterchen, wildes

(Viola tricolor)
Der Geruch von Stiefmütterchen ist nur schwach wahrnehmbar. Der Geschmack dieser Pflanze ist mild, salatähnlich und etwas süßlich

und kann, je nach Pflanzenteil auch bitter, schleimig und etwas salzig sein.

Die Heimat des wilden Stiefmütterchens sind alle gemäßigten Zonen Europas und Asiens. Es wächst auf Äckern, Wiesen, an Wegen, Böschungen und stellt keine besonderen Ansprüche. Leider ist die Pflanze nur selten zu finden. Man erkennt sie gut an ihrer Blütenfarbe blau, gelb und blau-gelb. Sie bevorzugt einen sonnigen bis halbschattigen Standort und der Boden sollte feucht, sauer, sandig und durchlässig sein.

Das wilde Stiefmütterchen beinhaltet hauptsächlich Salicylsäure, Schleimstoffe, Gerbstoffe, ätherische Öle, Alkaloide, Saponine, Flavonoide wie Rutin und Violanthin, Cyclotide, Cumarine, Methylsalicylsäure und Derivate davon, Vitamin C und E.

Die Pflanze wirkt antibakteriell, entzündungshemmend, schleimlösend, schweißtreibend, blutreinigend, harntreibend, stoffwechselanregend, krampflösend und schmerstillend. Sie hilft bei Husten, Asthma, Blasenentzündung, Blasengrieß, Nierenschwäche, Rheuma, Fieber, Herpes, Herzbeschwerden, Gelenksentzündungen, Nervenentzündungen, Nervosität, verschiedenen Hauterkrankungen und bei der Wundheilung.

Zubereitung:
Für einen Tee übergießen Sie zwei Teelöffel wildes Stiefmütterchen mit 250 ml kochendem Wasser und lassen ihn 8 bis 10 Minuten ziehen, bevor Sie ihn abseihen und portioniert unter das Futter mengen. Verwendet werden können hier die Blüten, das Kraut und auch die Wurzeln.

Süßholzwurzel

(Glycyrrhiza glabra L.)
Die Süßholzwurzel verströmt einen schwachen, aber sehr charakteristischen Geruch. Sie schmeckt sehr süß.

Die Heimat der Süßholzpflanze liegt im Mittelmeergebiet und in Westasien. Sie besiedelt meist feuchte und warme Gebiete und bevorzugt tiefgründige, feuchte, lockere und durchlässige Böden.
Bislang wurden etwa 400 verschiedene Inhaltsstoffe entdeckt. Süßholz enthält hauptsächlich das Saponin Glycyrrhizin, Flavonioide wie Chalconderivat Isoliquiritigenin, Chalkone, Cumarine, Isoflavonoide und Phytostereole.

Die Süßholzwurzel wirkt entzündungshemmend, antibakteriell, pilzabtötend, schmerzlindernd, verdauungsfördernd, auswurffördernd, blutdrucksteigernd, blutreinigend, harntreibend und schleimlösend. Hauptsächlich findet sie ihre Anwendung bei Bronchitis, Magen- und Darmgeschwüren, Gastritis, Stoffwechselstörungen und Verstopfung. Weiterhin hilft sie bei Rheuma, niedrigem Blutdruck und bei Übergewicht.

Zubereitung:
Er gibt hier zwei Möglichkeiten, den Tee zuzubereiten.
Für einen Tee übergießen Sie zwei Teelöffel Süßholzwurzeln mit 250 ml kochendem Wasser und lassen ihn 15 Minuten ziehen, bevor Sie ihn abseihen und portioniert unter das Futter mengen.
Oder Sie geben zwei Teelöffel Süßholzwurzeln in 250 ml kochendes Wasser, kochen dieses für fünf Minuten und lassen es anschließend noch 5 bis 10 Minuten ziehen, bevor Sie den Tee abseihen und portioniert unter das Futter mengen.

Taubnessel, weiße

(Lamium album)

Die Blüten besitzen einen schwach honigartigen, die Blätter hingegen einen sehr schwachen Geruch. Ihr Geschmack ist schwach bitter.

Die weiße Taubnessel ist in den gemäßigten Klimazonen Europas und in Nordasien beheimatet. Sie bevorzugt einen halbschattigen bis sonnigen Platz. Der Boden sollte stickstoffhaltig und mäßig feucht sein. Man findet sie an Wegen, Mauern, Schuttplätzen, Bahndämmen und auf Ackerflächen.

Die weiße Taubnessel beinhaltet hauptsächlich Gerbstoffe, ätherische Öle, Saponine, freie Aminosäuren, Cholin, Schleimstoffe, Lamiin, Flavonglykoside und Amine (Histamin, Methylamin, Tyramin).

Die Pflanze wirkt antibakteriell, harntreibend, zusammenziehend, schleimlösend, krampflösend, beruhigend und blutreinigend. Sie hilft bei Husten, Fieber, grippalen Infekten, Asthma, Blasenleiden, Magen- und Darmbeschwerden, Prostatavergrößerungen, Furunkeln, leichten Brandwunden und schlecht heilenden Wunden.

Zubereitung:
Für einen Tee übergießen Sie zwei Teelöffel weiße Taubnesseln (Kraut und Blüten) mit 250 ml kochendem Wasser und lassen ihn fünf Minuten ziehen, bevor Sie ihn abseihen und portioniert unter das Futter mengen.

Tausendgüldenkraut

(Centaurium erythraea)
Tausendgüldenkraut besitzt einen schwachen, eigenartigen Geruch und schmeckt stark bitter.

Das echte Tausendgüldenkraut stammt aus Europa, mit Ausnahme der nördlichen Gebiete. Die Pflanze liebt wechselfeuchte Lehmböden und wächst in Waldlichtungen, Halbtrockenwiesen und an Wegrändern. Ihre Blüten öffnen sich nur bei Sonne und mindestens 20° Celsius.

Die Hauptwirkstoffe des Tausendgüldenkrautes sind ätherische Öle, Bitterstoffe, Alkaloide, Flavonoide, Triterpene, Harze, Fettsäuren, Extractivstoff und Glykoside.

Tausendgüldenkraut wirkt fiebersenkend, entzündungshemmend, antibakteriell, gallenflussfördernd, leberschützend, kräftigend, appetitanregend, anregend und blutreinigend. Es hilft bei Leber- und Gallenfunktionsschwäche, akuter und chronischer Hepatitis, Verdauungsschwäche, Verstopfung, Blähungen, Magen- und Darmkatarrhen, Koliken, Gastritis, Appetitlosigkeit, Diabetes, Erschöpfungszuständen, Anämie, Fieber, Nervenschwäche, Kreislaufschwäche, Gelenkrheumatismus, Abwehrschwäche, Übergewicht, Entzündungen im Maul- und Rachenraum, kräftigt die Gebärmutter und hilft bei Abszessen, Ekzemen und schlecht heilenden Wunden.

Zubereitung:
Für einen Tee übergießen Sie einen Teelöffel Tausendgüldenkraut mit 250 ml kochendem Wasser und lassen ihn 10 bis 15 Minuten ziehen, bevor Sie ihn abseihen und portioniert unter das Futter mengen.

Teufelskralle

(Harpagophytum procumbens)
Der Geschmack der Wurzel ist bitter.

Die Teufelskralle ist eine aus dem Süden Afrikas stammende Heilpflanze. Sie können den Tee am besten in der Apotheke beziehen.

Teufelskralle enthält Iridoidglykoside, Harpagid, Harpagosid, Procumbid, Phytosterine, Beta-Sitosterol, Glutamin-Säure, Histidin, Kaempferol, Selenium, Sterol, Flavonoide, ungesättigte Fettsäuren, Chlorogen- sowie Zimtsäure und Ursol-Säure.

Teufelskralle wirkt appetitanregend, entzündungshemmend, abschwellend und blutverdünnend, ist hilfreich bei Arthritis und Rheuma, unterstützt die Arthrose-Therapie, hilft bei Blähungen, Leberleiden, Gallenbeschwerden und Nierenschwäche, lindert Magen-, Darm- und Gelenksbeschwerden, ist gut für die Haut, senkt den Harnsäurespiegel, ist hilfreich bei Rheuma und lindert Schmerzen und Fieber.

Zubereitung:
Für einen Tee übergießen Sie ein bis zwei Teelöffel Teufelskrallenwurzeln mit 250 ml kochendem Wasser, diesen lassen Sie fünf Stunden ziehen, anschließend werden die Wurzeln abgeseiht und der Tee unter das Futter gemengt.

Es wird angeraten, wie bei allen stark wirksamen Heilkräutern nach sechs Wochen Daueranwendung eine Pause einzulegen und vorübergehend andere Kräuter mit ähnlicher Wirkung zu verwenden. Durch die Pause werden eventuelle unerwünschte Langzeitwirkungen verhindert, und eine Gewöhnung, die eine gewünschte Wirksamkeit verhindern würde, bleibt aus. Anschließend kann man wieder sechs Wochen lang Teufelskralle-Tee dem Futter portionsweise beimengen.

Teufelskralle sollte nicht bei trächtigen Hündinnen in größeren Mengen gegeben werden, dies kann zu einer Fehlgeburt führen. Kleinere Mengen können jedoch ohne Probleme für kurze Zeit dem Futter zugesetzt werden. Dieser Tee sollte auch nicht bei einem Magengeschwür angewendet werden.

Thymian

(Thymus vulgaris)
Thymian schmeckt kräftig herzhaft, leicht herb und ein bisschen Majoran-ähnlich. Er besitzt einen intensiven aromatischen Duft.

Seine Heimat ist der Mittelmeerraum. Thymian mag, wie alle mediterranen Pflanzen, einen sonnigen Standort, zudem einen nährstoffarmen und durchlässigen Boden.

Thymian enthält ätherisches Öl, unter anderem Thymol, Kampfer, Carvacrol, Zineol, Geraniol, Limonen, Linalool, Menthon, Terpinen, Bitterstoff, Gerbstoff, Flavonoide, Cumarine, Harz, Saponin, Salicylate, Pentosane, Stigmasterol, Beta-Sitosterol, Beta-Carotin, Vitamin A, B_1, B_2, Niacin, Calcium, Kalium, Magnesium, Eisen, Kupfer, Mangan und etwas Zink. Der Gehalt an ätherischem Öl variiert sehr stark und ist von Klima, Erntezeit und Lagerung abhängig.

Thymian wirkt antibakteriell, pilzabtötend, entzündungshemmend, blutstillend, krampflösend, appetitanregend, vitalisierend, entwässernd, schmerzlindernd, ist hilfreich bei Husten jeglicher Form, gut bei Rheuma, Leberschwäche, Hauterkrankungen und zur Förderung der Wundheilung, wirkt positiv auf das Zentralnervensystem, wirkt desinfizierend und wurmaustreibend, ist hilfreich bei Verdauungsschwäche und Durchfall, besitzt eine beruhigende Wirkung und lindert Magen-Darmbeschwerden.

Zubereitung:
Für einen Tee übergießen Sie einen Teelöffel Thymiankraut mit 250 ml kochendem Wasser, diesen lassen Sie 8 bis 10 Minuten ziehen, bevor sie ihn abseihen und portioniert unter das Futter mengen.
Er sollte nicht bei trächtigen Hündinnen gegeben werden, dies kann zu einer Fehlgeburt führen.

Veilchen, wohlriechendes

(Viola odorata)
Die Blüten des Veilchens besitzen einen wohlriechenden eigenen, ganz besonderen Duft. Der Geschmack ist süßlich.

Das wohlriechende Veilchen ist in vielen Teilen Europas heimisch. Die Verbreitungsgebiete der Pflanze sind sowohl die mediterranen Gebiete, die Küsten des Atlantiks in Westeuropa sowie viele Regionen in Osteuropa. Es wächst in Gärten, Parkanlagen, an Weg- und Waldrändern im Halbschatten auf einem mäßig feuchten Boden.

Für einen Tee kann man das Kraut, die Wurzeln und die Blüten verwenden.

Veilchen enthalten hauptsächlich ätherische Öle, Alkaloide, Saponine, Bitterstoffe, Flavonoide, Salizylsäure und Schleimstoffe.

Die Pflanze wirkt beruhigend, entzündungshemmend, blutreinigend, harntreibend, schleimlösend, schweißtreibend, schmerzlindernd, antibakteriell, abschwellend, durchblutungsfördernd und krampflösend. Sie hilft bei grippalen Infekten, Fieber, Husten, Zahnfleischentzündung, Magenkatarrhen, Nieren- und Blasenentzündungen,

Rheuma, verschiedenen Hauterkrankungen, Angstzuständen, Nervosität, Epilepsie, Verrenkungen und Quetschungen.

Zubereitung:
Für einen Tee übergießen Sie ein bis zwei Teelöffel Veilchen mit 250 ml kochendem Wasser, diesen lassen Sie 15 Minuten ziehen, bevor Sie ihn abseihen und portioniert unter das Futter mengen.

Vogelknöterich

(Polygonum aviculare)
Die Pflanze ist fast geruchlos und hat einen leicht zusammenziehenden Geschmack.

Vogelknöterich ist im gesamten Europa beheimatet. Da er vom Nährstoffbedarf anpassungsfähig ist, wächst er an den unterschiedlichen Orten, meist jedoch an Weg- und Feldrändern, auf Äckern und in Gärten.

Die Pflanze enthält hauptsächlich Kieselsäure, Flavonoide, Gerbstoffe, Schleimstoffe, Harz und ätherische Öle.

Vogelknöterich wirkt beruhigend, schleimlösend, auswurffördernd, harntreibend, fiebersenkend, entzündungshemmend, zusammenziehend, blutstillend, wundheilend und gefäßverengend. Die Pflanze hilft bei Atemwegsbeschwerden, Maul- und Rachenraumentzündungen, Nieren- und Blasenschwäche, Magen- und Darmentzündungen, Rheuma, Ohrenentzündung, Geschwüren in der Säugeleiste, bei Blutungen und schlecht heilenden Wunden.

Zubereitung:
Für einen Tee übergießen Sie ein bis zwei Teelöffel Vogelknöterich mit 250 ml kochendem Wasser, diesen lassen Sie 8 bis 10 Minuten ziehen, bevor sie ihn abseihen und portioniert unter das Futter mengen.

Der Tee sollte nicht bei trächtigen Hündinnen gegeben werden.

Vogelmiere

(Stellaria media)
Der Geschmack dieser Pflanze ist mild und erinnert an jungen rohen Mais. Sie duftet leicht nussig, mineralisch.

Die Vogelmiere ist in Mittel- und Nordeuropa heimisch. In Nordamerika wurde sie eingeschleppt. Auch in Nordasien und in vielen anderen Gegenden der Welt kann sie vorkommen. Anzutreffen ist dieses Kraut fast überall, ob an Weg- und Straßenrändern, Schuttplätzen, auf Ackerflächen, in Gärten, im Wald oder an Weinbergen. Auf feuchten, nährstoffreichen Böden und an schattigen Plätzen fühlt sie sich am wohlsten.

Die Pflanze enthält Kieselsäure, Calcium, Kalium, Magnesium, Eisen, Zink, Selen, Vitamin B_1, B_2, B_3, A und C, Saponine, Flavonoide, Cumarine, Oxalsäure, Schleimstoffe, ätherische Öle und Gamma-Linolensäure. Bedenken Sie aber auch hier wieder, dass hitzeempfindliche Vitamine durch die Teezubereitung größtenteils verlorengehen.

Vogelmiere wirkt zusammenziehend, kühlend, anregend, kräftigend, blutreinigend, blutbildend, blutstillend, krampflösend, entzündungshemmend, harntreibend, reizmildernd, schleimlösend, juckreizlindernd, milchbildend und schmerzstillend. Das Kraut hilft bei Appetitlosigkeit, Augenentzündungen, Grauem Star, Gerstenkorn, Asthma, Husten, Hautproblemen, Ekzemen, Rheuma, Nieren- und Leberschwäche, Blähungen, Verstopfung, Insektenstichen, Wunden, Verbrennungen, Furunkeln, Geschwüren und Gelenksentzündungen.

Zubereitung:
Für einen Tee übergießen Sie zwei Teelöffel Vogelmiere mit 250 ml kochendem Wasser und lassen ihn 5 bis 8 Minuten ziehen, bevor Sie ihn abseihen und portioniert unter das Futter mengen.

Wacholderbeere

(Juniperus communis)
Die Wacholderbeere weist einen leicht holzigen, würzigen, herben und leicht süßlichen Duft und Geschmack auf.

Der Gemeine Wacholder ist auf der nördlichen Erdhalbkugel weit verbreitet. Er bevorzugt als Standort einen nährstoffarmen, trockenen Boden in sonniger Lage.

In Wacholderbeeren sind Vitamin C, ätherische Öle und deren Bestandteile (Menthol, Pinen, Sabinen, Myrcen, Kampfer), Terpineol, Betulin, Bitterstoffe (Juniperin), Flavonglykoside, Flavonoide, Gallussäure, Gerbstoffe (Gerbsäure), Harz und Linolensäure enthalten. Mineralstoffe wie Phosphor, Mangan, und Zink sind ebenfalls enthalten, Oxalsäure, Schleimstoffe (Pentosan), Umbelliferon, Zitronensäure und mehrfach ungesättigte Fettsäuren sind weitere Inhaltsstoffe. Bedenken Sie aber auch hier wieder, dass hitzeempfindliche Vitamine durch die Teezubereitung größtenteils verlorengehen.

Die Wacholderbeere wirkt harntreibend, appetitanregend, entgiftend, schleimlösend, antibakteriell, schützt die Schleimhäute, aktiviert den Zellstoffwechsel, stärkt Kreislauf und Immunsystem, ist gut bei Rheuma und Arthritis, regt den Stoffwechsel an, ist hilfreich bei Magen-Darmbeschwerden und extremem Maulgeruch, fördert die Blutbildung und reinigt das Blut, tötet Darmpilze, bindet Fett im Darm, hilft bei der Heilung von Nieren-, Blasen- und Harnwegsentzündungen und Infektionskrankheiten.

Zubereitung:
Für einen Tee übergießen Sie einen Teelöffel der getrockneten Früchte mit 250 ml Liter heißem Wasser und lassen diesen 10 Minuten ziehen, bevor Sie ihn abseihen und portioniert unter das Futter mengen.
Lagern Sie die getrockneten Früchte dunkel und trocken.

Achtung! Wegen der enthaltenen Reizstoffe sollte Wacholder nicht im Übermaß und über einen längeren Zeitraum angewendet werden, denn eine Überdosierung oder längere Anwendung kann zu Nierenschäden führen.

Sollte nicht in der Trächtigkeit gefüttert werden!

Weinrebe

(Vitis vinifera)

Frische Weinblätter besitzen einen leicht säuerlichen Geschmack und der Geruch ist angenehm würzig.

Vermutlich liegt die Heimat der Weinrebe im Kaukasus. Heute wird die Pflanze weltweit in den gemäßigten Klimazonen angebaut. Sie mag nährstoffreiche, tiefgründige und kalkhaltige Böden, die nicht zu nass sind. Die Weinreben benötigen viel Sonne. Als pflanzliche Arznei kommt das rote Weinlaub zum Einsatz, welches im Herbst geerntet wird.

Im roten Weinlaub sind vor allem Flavonoide, unter anderem die Substanzen Quercitrin und Rutin enthalten, weiterhin Anthocyane,

Mineralstoffe, Gerbstoffe wie Gallocatechin, Polyphenole, organische Säuren und Vitamine.

Weinblätter wirken zusammenziehend, blutreinigend, abschwellend, entzündungshemmend, durchblutungsfördernd, appetitanredend und verdauungsanregend. Sie helfen bei Rheuma, Blutergüssen, Ödeme, Erbrechen, Hautausschlägen, Verstopfung, Durchblutungsstörung, Fettleibigkeit, Leberleiden, kräftigen das Immunsystem und haben einen positiven Einfluss auf den Blutdruck und den Blutfettspiegel. Äußerlich kann der Tee bei aufgesprungenen Ballen (Pfoten), Frostschäden, Geschwüren, eiternden Wunden und Ekzemen angewendet werden.

Zubereitung:
Für einen Tee übergießen Sie ein bis zwei Teelöffel Weinblätter mit 250 ml kochendem Wasser und lassen ihn 10 Minuten ziehen, anschließend abseihen, bevor Sie ihn portioniert unter das Futter mengen.

Sie können auch die Weinblätter mit kaltem Wasser ansetzen und dann aufkochen, anschließend abseihen, bevor Sie ihn ebenfalls portioniert unter das Futter mengen.

Weißdorn

(Crataegus)

Die Weißdornblüten duften eher etwas unangenehm. Der Geschmack der Blüten ist leicht bitter und die Beeren schmecken süßsauer und sehr aromatisch.

In Mitteleuropa sind mehrere Weißdornarten heimisch. Der zweigriffelige Weißdorn ist fast in ganz Mitteleuropa, nördlich bis Südskandinavien beheimatet. Er liebt einen sonnigen bis halbschattigen Platz und bevorzugt feuchte, nährstoffreiche Böden, wobei das von Art zu Art etwas unterschiedlich ist. Eines haben sie alle gemeinsam, sie mögen keine Staunässe und keine sauren Böden. Der Boden sollte schwach sauer bis alkalisch sein (pH 6,5 bis 8,0).

Weißdorn enthält ätherisches Öl, Trimethylamin, Glykosid Oxyacanthin, Flavonoide (Flavon- und Flavonoidglycoside), Procyanidine, Purine, Choline, Gerbstoff, Saponin, Fructose, Crataegussäure, Aluminium, Kalium, Natrium, Calcium und phosphorsaure Salze. Die Früchte enthalten Vitamin C, mehr Procyanidine, dafür weniger Flavonoide als die Blätter und Blüten.

Weißdorn wirkt vor allem vitalisierend, beruhigend, herzkräftigend, ist hilfreich bei Altersherz, Sportlerherz, wirkt kreislaufregulierend, reguliert den Blutdruck, schützt das Herz, fördert die Durchblutung des Herzmuskels, verbessert die Elastizität der Gefäßwände und verbessert die Sauerstoffversorgung. Außerdem kann Weißdorn als Kräftigungsmittel bei allgemeiner Körperschwäche helfen.

Zubereitung:
Für einen Tee übergießen Sie einen Esslöffel Weißdorn mit 250 ml kochendem Wasser, diesen lassen Sie 20 Minuten ziehen und seihen ihn ab, bevor sie den Tee portionsweise unter das Futter mengen. Sie können Blüten, Blätter und auch die Früchte verwenden und Tee daraus kochen.

Yamswurzel

(Dioscorea villosa)
Die frische Yamswurzel schmeckt angenehm süßlich bis leicht bitter und besitzt wegen des hohen Stärkeanteils eine mehlige Konsistenz.

Die Heimat der Yamswurzel liegt im tropischen Asien (China, Indochina, Indien, Malaysien) und Afrika. Sie wird in vielen Teilen der Welt kultiviert. Erhältlich ist sie bei uns in Deutschland in Asia Shops, sonst in getrocknetem Zustand erhältlich.

Die Wurzel enthält hauptsächlich Steroidsaponine, besonders Dioscein (aus dem sich das Diosgenin, der progesteronähnliche Wirkstoff abspaltet), Alkaloide, Gerbstoffe, Kalium, Magnesium, Eisen, Zink, Mangan, Kupfer und Stärke. Sie ist eine ausgezeichnete Quelle für Vitamin B_6, Vitamin B_1, Riboflavin, Folsäure, Pantothensäure sowie Niacin und Vitamin C. Bedenken Sie aber auch hier wieder, dass hitzeempfindliche Vitamine durch die Teezubereitung größtenteils verlorengehen.

Die Yamswurzel wirkt hauptsächlich entzündungshemmend, krampflösend, entspannend, gefäßerweiternd, antirheumatisch, schmerzlindernd, hormonregulierend, fruchtbarkeitsfördernd, schweiß- und galletreibend und geburtserleichternd. Die Wurzel wirkt ausgleichend und anregend auf die Nebennieren. Sie lindert Geburtsschmerzen, hilft bei hormonellen Störungen, Asthma, Bronchitis, Arthritis, Gastritis, Gallenblasenleiden, Reizmagen, Alterserscheinungen, Nervosität und Rheuma.

Zubereitung:
Für einen Tee übergießen Sie 20 g der Wurzeln mit 750 ml kaltem Wasser, diesen lassen Sie 20 bis 25 Minuten kochen und seihen ihn ab, bevor sie den Tee portionsweise unter das Futter mengen.

Ysop

(Hyssopus officinalis)
Die Pflanze besitzt einen etwas bitteren und würzigen Geschmack, der an Thymian und Salbei erinnert. Der Geruch des Krautes ist angenehm würzig und kampferartig.

Der Ysop ist in Vorderasien, im Mittelmeergebiet und im Schwarzmeergebiet beheimatet. Er mag lockere, durchlässige, nährstoffreiche, etwas kalkige Böden und liebt die Sonne.

Ysop beinhaltet hauptsächlich ätherische Öle, vor allem Pinocamphon, Kampfer und Pinen, Flavonglycosise, Hesperidin und Diosmin, Gerbstoffe, Bitterstoffe, Sitosterin, Cholin, Zucker und Harz.

Ysop wirkt krampflösend, appetitanregend, schleimlösend, entzündungshemmend, schweißhemmend, galle- und verdauungsfördernd. Die Pflanze hilft bei Entzündungen des Zahnfleischs sowie im Mund- und Rachenraum, Asthma, Bronchitis, grippalen Infekten, Fieber, Magen- und Darmstörungen, Blähungen, Krämpfen, Herz-Kreislauf-Beschwerden und Prellungen.

Zubereitung:
Für einen Tee übergießen Sie zwei Teelöffel Ysop mit 250 ml kaltem Wasser, lassen dieses aufkochen und danach 15 Minuten ziehen. Das Ganze wird dann abgeseiht, bevor Sie den Tee portionsweise unter das Futter mengen.

Zimtrinde

(Cinnamomum verum)
Zimt besitzt einen besonders warmen, würzigen und süßen Geruch und Geschmack.

Zimt stammt von der Insel Sri Lanka, südöstlich von Indien. Zur Gewinnung der Zimtrinde werden die Zimtbäume regelmäßig stark zurückgeschnitten. Die Zimtrinde wird von den zweijährigen Schösslingen gewonnen. Diese werden geerntet, wenn sie nur einige Zentimeter dick sind.

Die Rinde enthält ätherisches Öl, welches aus Zimtaldehyd und aus Eugenol besteht. Daneben finden sich geringe Mengen an sogenannten Mono-, Sesqui- und Diterpenen, Gerbstoffen sowie Phenolcarbonsäuren, Kalziumoxalaten, Zink, Magnesium, Eisen, Kalzium und Cumarin.

Die Zimtrinde wirkt antibakteriell, zusammenziehend, harntreibend, krampflösend, auswurffördernd, appetitanregend, schmerzstillend, blutzuckersenkend, durchblutungsfördernd, wärmend und schweißtreibend. Zimtrinde hilft bei Blähungen, Magenbeschwerden, Erbrechen, Durchfall, grippalen Infekten, Fieber, Husten, Muskel- und Zahnschmerzen, Diabetes, Herz- und Konzentrationsschwäche.

Zubereitung:
Für einen Tee übergießen Sie eine Zimtstange mit 250 ml kochendem Wasser, diesen lassen Sie 10 Minuten ziehen und seihen ihn ab, bevor Sie den Tee portionsweise unter das Futter mengen.

Gesundheit / Krankheit

Wann ist ein Körper krank, wann wird er als gesund bezeichnet?

Dies kann ganz kurz erklärt werden: Von Gesundheit wird gesprochen, wenn sich der Körper im Gleichgewicht befindet. Körperlich, seelisch und geistig, also sich Körper, Geist und Seele im Einklang befinden. Von Krankheit sprechen wir, wenn eine Störung dieser Harmonie vorliegt.

Das Immunsystem spielt eine wichtige Rolle, um gesund zu bleiben. Das Immunsystem besteht nicht nur aus einem Organ, sondern, wie es der Name schon verrät, aus einem ganzen System. Bei dieser Komplexität ist verständlich, dass sich Einflüsse wie z. B. Stress oder Hormonschwankungen negativ auf das Immunsystem auswirken können. Um das Immunsystem zu stärken, sollten verschiedene Aspekte bedacht und organübergreifend betrachtet und behandelt werden. Zwischen Immunsystem und Psyche gibt es enge Wechselbeziehungen. Ein guter Gesundheitszustand ist ein Gleichgewicht dessen. Die Aufgabe des Immunsystems ist es, abzuwehren, zu zerstören oder zu adaptieren, und zwar auf allen Ebenen. Also sowohl auf körperlicher als auch seelischer und geistiger Ebene.

Die Natur hat vieles geschaffen, um die Selbstheilungskräfte zu stärken. Ist Ihr Hund nicht in der Lage, sich bestimmte Stoffe selbst zu holen (vor allem bei Hunden, welche in der Stadt leben), können Sie mit verschiedenen Therapieformen nachhelfen.

Warum beschäftigen wir Menschen uns mehr mit der Krankheit als mit der Gesundheit? Warum sehen wir Menschen Krankheit als einen Feind an?

Erst wenn ein Körper schon Symptome zeigt, werden wir aktiv; warum nicht etwas dafür tun, dass der Körper gesund bleibt? Vielleicht auch unsere Einstellung zur »Krankheit« verändern?

Wir freuen uns, wenn unsere Hunde lebhaft sind, beim Spaziergang Interesse am Umfeld zeigen, die Nase am Boden »Zeitung lesend«, ein glänzendes Fell aufweisen und mit leuchtenden Augen zu uns aufblicken.

Sorgen wir doch dafür, dass unsere Hunde gesund bleiben. Eine artgerechte Beschäftigung und eine gesunde Ernährung und ab und zu mal ein Kräutertee oder auch als Kur angewendet, ist genauso hilfreich, den Körper gesund zu erhalten, wie bei uns Menschen.

Zum besseren Verständnis nehmen wir als Beispiel einmal uns Menschen. Ernähren Sie sich nur von Fastfood? Liegen Sie nur träge auf dem Sofa oder haben nur Stress im Alltag? Was lässt Sie an diesen Gewohnheiten festhalten? Leben Sie dann gesund? Fühlen Sie sich wohl? Was würden Sie ändern? Wie weit würden Sie gehen, um Ihren Körper gesund zu erhalten?

Ernährung ist der wichtigste Baustein, um Ihren Hund gesund zu erhalten. Natürlich auch eine geeignete Beschäftigung für Ihren Hund (Psyche). Und wer glaubt, Hunde seien reine Carnivoren (Fleischfresser), der irrt! Natürlich sind Hunde auch keine Vegetarier. Sie benötigen Vitamin B_{12} und tierisches Eiweiß, um gesund zu bleiben. Es wird vor allem in der Futtermittelbranche oft damit geworben, dass Hunde von den Wölfen abstammen und reine Carnivoren sind. Vergessen wird dabei jedoch, dass auch Wölfe sich manchmal wochenlang nur von pflanzlichen Substanzen am Leben erhalten. Hunde begleiten uns Menschen schon sehr lange. Dadurch hat sich auch der Verdauungstrakt des Hundes angepasst. Schwedische Forscher haben im Fachjournal »Current Biology« berichtet, dass diese Beziehung schon 27.000 bis 40.000 Jahre alt sein kann. Achten Sie also außer auf gesundes Fleisch auch auf vitaminreiches Gemüse, etwas Obst und Kräuter. Besonders gut für die Stärkung des Immunsystems sind: Blumenkohl, Brokkoli, Buchweizen, Endiviensalat, Feldsalat, Fenchel, Gurke, Karotte, Kartoffel, Löwenzahn, Mangold, Paprika, Pastinake, Portulak, Sellerie, Spargel, Spinat, Tomate, Topinambur, Zucchini, Ananas, Apfel, Aprikose, Banane, Birne, Brombeere, Erdbeere, Hagebutte, Heidelbeere, Himbeere, Johannisbeere, Kiwi, Mango, Melone, Nektarine, Orange und Papaya. Wer sich näher damit beschäftigen möchte, dem empfehle ich mein Buch ›Buntes für den Hund‹.

Der englische Arzt Dr. Edward Bach (1886 – 1936) zitierte zum Thema Krankheit: »Krankheit ist weder Grausamkeit noch Strafe, sondern einzig und allein ein Korrektiv, ein Werkzeug, dessen sich unsere eigene Seele bedient, um uns auf unsere Fehler hinzuweisen, um uns von noch größeren Irrtümern zurückzuhalten, um uns daran zu hindern, mehr Schaden anzurichten – und uns auf den Weg der Wahrheit und des Lichts zurückzubringen.« (Zitat aus: Bach Blütentherapie Theorie und Praxis, Mechthild Scheffer, München, Hugendubel 1991)

Für alles ist ein Kraut gewachsen

Weltweit haben Kräutertees eine lange Tradition. In der Naturheilkunde sind diese nicht mehr wegzudenken. Da jedes Kraut gleichzeitig Heilmittel aber auch Gift sein kann, ist es wichtig, auf die richtige Dosierung zu achten. Es sollte nicht jedes Kraut in beliebiger Menge verwendet werden. Achten Sie bitte daher genau auf die Beschreibungen der einzelnen Kräuter. Dies ist jedoch kein Grund, keine Kräutertees anzuwenden. Im Gegenteil!

Wie Tees noch besser wirken können

Um die Heilwirkung der Tees noch zu verstärken, können Sie die Organuhr der Traditionellen Chinesischen Medizin (TCM) nutzen. Nach deren Lehre unterliegt jedes Organ innerhalb von 24 Stunden besonders energiereichen und besonders energiearmen Phasen. Nutzen Sie also die Anregungs- und Beruhigungszeiten, welche um 12 Stunden zeitversetzt sind, für die verschiedenen Organbereiche.

Krampflösende und beruhigende Effekte erzielen Sie am Besten in der Aktivitätsphase:

Leber | 01.00 – 03.00 Uhr
Lunge | 03.00 – 05.00 Uhr
Dickdarm | 05.00 – 07.00 Uhr
Magen | 07.00 – 09.00 Uhr
Milz-Pankreas | 09.00 – 11.00 Uhr
Herz | 11.00 – 13.00 Uhr
Dünndarm | 13.00 – 15.00 Uhr
Blase | 15.00 – 17.00 Uhr
Niere | 17.00 – 19.00 Uhr
Kreislauf | 19.00 – 21.00 Uhr
Dreifacher Erwärmer | 21.00 – 23.00 Uhr
Gallenblase | 23.00 – 01.00 Uhr

Anregende und Verdauungsfördernde Effekte erzielen Sie am Besten in der Ruhephase:

Leber | 13.00 – 15.00 Uhr
Lunge | 15.00 – 17.00 Uhr
Dickdarm | 17.00 – 19.00 Uhr

Magen | 19.00 – 21.00 Uhr
Milz-Pankreas | 21.00 – 23.00 Uhr
Herz | 23.00 – 01.00 Uhr
Dünndarm | 01.00 – 03.00 Uhr
Blase | 03.00 – 05.00 Uhr
Niere | 05.00 – 07.00 Uhr
Kreislauf | 07.00 – 09.00 Uhr
Dreifacher Erwärmer | 09.00 – 11.00 Uhr
Gallenblase | 11.00 – 13.00 Uhr

Tee-Rezepte

Es ist eine Kunst, Teepflanzen zu mischen. Wenn eine Teemischung zu medizinischen Zwecken verwendet wird, sollten die Wirkungsweisen der einzelnen Pflanzen bekannt sein und feststehen. Ist dies nicht der Fall, stehen einem fertige Teemischungen aus Apotheken zur Verfügung (hierbei bitte die Verträglichkeit überprüfen) oder Sie halten sich an die bewährten Teemischungen, welche ich Ihnen im Anschluss dieses Kapitels preisgebe. Ich halte es für meine Hunde so wie für mich nach dem Motto: Selbst gesammelte Teepflanzen schmecken viel besser als gekaufte. Das liegt natürlich auch daran, dass frische Pflanzen milder schmecken als getrocknete. Und selbst wenn ich selbst gesammelte Kräuter selber trockne und diese wiederum als Tee zubereite, schmeckt er anders als der gekaufte. Probieren Sie es aus.

Kommen Teemischungen zur Anwendung, haben diese den Vorteil, dass der Tee oft wirksamer ist als bei einer Einzelkrautanwendung. Haben Sie sich bisher nur wenig oder noch gar nicht mit Kräutern beschäftigt, ist es ratsam, erst einmal nur zwei Kräuter mit der gleichen Wirkungsweise zu mischen.

Haben Sie eine Teemischung aus getrockneten Kräutern zusammengestellt, ist es wichtig, diese richtig aufzubewahren. Am besten dient hier ein dunkles Glasgefäß, eine Papiertüte oder eine Teedose. Es kommt auch darauf an, wie groß die Menge ist, welche Sie zusammengestellt haben. Häufig wird eine Teemischung so zusammengestellt, dass als Gesamtmenge eine runde Summe entsteht. Listen Sie die Kräuter auf, welche sie verwendet haben, und bekleben sie das Aufbewahrungsgefäß mit einem entsprechenden Etikett.

Bei Teemischungen spielt die Basispflanze die größte Rolle, man spricht hier auch von dem Hauptkraut, oder wenn man mehre verwendet, den Hauptkräutern. Dieses gibt die Hauptrichtung der Wirkungsweise vor. Füllpflanzen geben dem Tee Volumen, diese sind vor allem wichtig, wenn die Mischung schwere und kleine Zutaten enthalten sollen. Schmuckpflanzen dienen meist nur zur Verschönerung des Tees, wirken aber durch ihre Farbe mit. Bei Hunden brauchen wir zwar weniger auf Aromapflanzen zu achten, aber es gibt auch Kräuter, welche nicht sonderlich wohlschmeckend sind. Daher ist es manchmal sinnvoll, auch für unsere Vierbeiner dem Tee Aromapflanzen für den Geschmack beizumengen. Grundsätzlich gilt die Regel, dass nicht mehr als sieben Pflanzen gemischt werden sollten, weniger ist oft mehr. Ausnahmen bestätigen wie immer die Regel, vor allem wenn noch Aroma- und Schmuckpflanzen beigemengt werden. Dann können es schon mal maximal 9 bis 10 Pflanzen werden. Zusammensetzen kann sich dieses aus ein bis drei Basispflanzen, ein bis drei Füllpflanzen, zwei bis drei Schmuckpflanzen und ein bis zwei Aromapflanzen.

Sie fragen sich nun sicherlich: Wie ordne ich die Pflanzen ein? Was ist eine Basispflanze, was eine Aromapflanze usw.? Manche Pflanzen haben ihren festen Platz, wie z.B. Ackerschachtelhalm oder Baldrian, diese Pflanzen kommen fast immer als Basispflanzen zur Anwendung. Andere wiederum haben ihren Stellenwert in zwei bis drei Kategorien, z. B. kann Kamille als Basis-, Aroma- und Schmuckpflanze ihren Platz einnehmen. Es kommt darauf an, für welche Beschwerden Sie eine Teemischung zusammenstellen möchten. Es ist also wirklich eine Kunst, Teepflanzen zu mischen.

Auch die Farben in den Tees wirken mit und sollten berücksichtigt werden. Dies gilt besonders, wenn Blüten beigemischt werden. Farbe ist Schwingung. Farbe ist Energie. Dies ist bereits bekannt aus der Farbtherapie. Das sollten Sie bei der Auswahl der Schmuckpflanze immer mit berücksichtigen.

Naturfarben sind Nährstoffe und Heilkräfte zugleich! Sie wirken also nicht nur durch ihre chemische Zusammensetzung, sondern auch durch ihre physikalische Wirkung, nämlich der Farbschwingung.

Forschungen an zahlreichen Universitäten haben bestätigt, dass energetisch gesunde Nahrungsmittel Schwingungen auf jeden Organismus übertragen, die er für seine Regulation benötigt. Auch Futterzusätze, wie beispielsweise Algenpräparate (See- und Meeresalgen), enthalten sehr viel Lichtenergie (Biophotonen), welches der Biophysiker Prof. Popp durch Messungen an Spirulina-Algen herausfand.

Roter Farbstoff, welcher in vielen Kräutern und Blüten enthalten ist, wirkt auf die Psyche hauptsächlich wärmend, anregend, belebend und stärkend. Oranger Farbstoff wirkt aufmunternd und gegen Depressionen, Unzufriedenheit und Stress. Gelber Farbstoff bringt Lebensfreude, sie steigert die Lernfähigkeit und Motivation. Grüner Farbstoff, welcher in allen grünen Kräutern enthalten ist, ist die Farbe der Konzentration, sie sorgt für seelische und körperliche Harmonie. Blau ist die Farbe der Ruhe, sie beruhigt und entspannt und wirkt antibakteriell und entzündungshemmend. Violett hilft bei psychischer Unausgeglichenheit, wirkt regenerierend und harmonisierend.

Ätherische Öle werden folgenden Farben zugeordnet:
Für Rot: Blutorange, Geranie, Rose, Ylang-Ylang, Zimt
Für Orange: Bergamotte, Mandarine, Orange
Für Gelb: Grapefruit, Limette, Vanille, Zitrone
Für Grün: Basilikum, Kamille, Kümmel, Oregano, Rosmarin, Salbei
Für Türkis: Fichte, Schafgarbe
Für Blau: Iris, Kamille, blaue Kiefer, Tanne, Ysop
Für Violett: Lavendel, Veilchen

Die Farbe hat eine Strahlungsenergie, die von Augen und Hautrezeptoren aufgenommen wird und so auf uns und auch unsere Tiere einwirkt. Sie beeinflusst unsere Stimmung, somit auch die unserer Hunde, als auch organische Prozesse und ist daher von großer Bedeutung. Hunde können zwar kein Rot und Grün mit ihren Augen sehen, aber durch die Hautrezeptoren werden diese dennoch aufgenommen. Farbe fördert Heilungsprozesse, sie wirkt anregend oder beruhigend. Diese wirken nicht nur von außen, sondern auch von innen über die Nahrung.

Wer sich näher mit der Farbtherapie beschäftigen möchte, sollte sich unbedingt das Buch ›Hunde – Mit Farben heilen‹ zulegen.

Besonders bei getrockneten Kräutern, welche als Teemischung zur Anwendung kommen und bevorratet werden sollen, ist es wichtig, dass diese gut vermischt werden, um sie anschließend in ein Aufbewahrungsgefäß zu geben. Nehmen Sie dazu am besten eine viel zu große Schüssel mit Deckel und schütteln alles kräftig durch bis alles gut vermischt ist. Wenn frische Kräuter bei einem sofortigen Gebrauch verwendet werden, ist das natürlich nicht notwendig.

Kräutertees finden weltweit und schon seit Tausenden von Jahren ihre Anwendung bei Krankheiten. In der Naturheilkunde wurden sie schon immer zu Heilzwecken verwendet und sind nicht mehr wegzudenken. Da jedes Kraut Heilmittel aber auch Gift sein kann – ist die richtige Menge ausschlaggebend. Was wirkt, kann auch Nebenwirkungen haben. Daher sollte unbedingt die empfohlene Trinkmenge nicht überschritten werden und die Anwendungsdauer nicht über einen längeren Zeitraum hinweg sein.

Achten Sie darauf, niemals einen Tee zu lange anzuwenden. Abwechslungsreicher Tee und mit Pausen angewandt, ist für die Gesundheit Ihres Hundes immer besser.

Es wird angeraten, wie bei allen stark wirksamen Heilkräutern, welche regelmäßig dem Futter beigemischt werden, nach einer gewissen Zeit eine Pause einzulegen und vorübergehend andere Kräuter mit ähnlicher Wirkung zu verwenden. Dies ist abhängig von dem jeweiligen Kraut (dessen Inhaltsstoffen) und in welcher Menge es zur Anwendung kommt. Durch die Pause werden eventuell unerwünschte Langzeitwirkungen verhindert und eine Gewöhnung, die eine gewünschte Wirksamkeit verhindern würde, bleibt aus. Anschließend, also nach einer Pause, kann das jeweilige Kraut wieder zur Anwendung kommen.

Eine Heilkräutertee-Kur kann zwei bis vier Wochen dauern.

Wie viel Sie von dem jeweiligen Tee über das Futter geben, hängt von der Größe des Hundes und dem jeweiligen Kraut ab. 250 ml am Tag bei einem mittelgroßen Hund ist eine ungefähre Richtlinie. Bei kleineren Hunden wird im Allgemeinen die Menge halbiert, geviertelt oder sogar geachtelt. Bei großen Hunderassen, wie z. B. Neufundländer, Berner Sennenhund oder Deutsche Dogge, kann sogar bis zur doppelten Mengen gefüttert werden.

Bei frischen Kräutern verwendet man am besten die doppelte Menge der im Buch beschriebenen Angaben. Kräuterpulver wird um die Hälfte reduziert.

Den Tee können Sie unverdünnt als Trinkwasserersatz anbieten, also anstatt den Tee unter das Futter zu mischen, diesen ins Trinkwasser zu geben. Wasser sollte zusätzlich zur Verfügung stehen. Sie wenden den Tee ja nicht als Flüssigkeitsersatz an, sondern für die Gesundheit Ihres Hundes.
Viel hilft nicht viel. Dünn gekochter Tee leitet viel besser aus als zu starker Tee.

Kräuterheiltees für die äußerliche Anwendung

Kräuterheiltees können auch zur äußerlichen Anwendung bei Hunden als Auflagen und Kompressen zum Einsatz kommen.

Kompressen werden auf kleinere Bereiche wie z. B. Augen, Ohren und kleinere Wunden gelegt.
Auflagen hingegen bedecken größere Flächen wie z. B. den Bauch, den Nierenbereich oder größere Hautpartien.

Der jeweilige Tee wird nach Anweisung (siehe Teepflanzen ABC gekocht. Nachdem dieser abgekühlt ist, tunken Sie eine sterile Kompresse in den Tee und legen diese, ja nach Bedarf, vorsichtig auf die Augen, Ohren oder kleineren Wunden Ihres Hundes. Gewöhnen Sie Ihren Hund langsam daran und versuchen Sie es nicht mit Gewalt. Sterile Kompressen erhalten Sie über eine Apotheke.

Auch bei Auflagen wird ein Tee-Aufguss verwendet. Anstelle einer Kompresse wird ein sauberes Tuch verwendet, dazu eignet sich ein frisch gewaschenes (Kochwäsche) Geschirrtuch. Dieses wird in den Tee getunkt und auf den Bereich gelegt, wo er wirken soll. Am besten sollte der Tee hierfür noch warm sein (körperwarm), vor allem bei Bauchkrämpfen oder wenn er im Nierenbereich wirken soll. Hierbei sollte die Auflage z. B. mit einer Wärmeflasche warmgehalten werden. Bei Ekzemen oder einer Überreaktion der Haut ist eine kühle Auflage besser. Auflagen können bis zu 20 Minuten am Stück angewendet werden, richten Sie sich hierbei auch nach Ihrem Hund. Wird er bereits nach fünf Minuten unruhig und war vorher brav liegen geblieben, ist die Zeit verstrichen, in der es ihm gut tut und die

Auflage sollte entfernt werden. Auflagen können auch zweimal am Tag verwendet werden.

Um eine gewünschte Wirkung zu erzielen, sollten Auflagen und Kompressen mehrmals an aufeinanderfolgenden Tagen wiederholt werden.

Hier wurde Johanniskraut zum Trocknen aufgehängt

Bewährte Teemischungen

Tee zur Stärkung des Immunsystems

Eine Teemischung für unsere Patienten, welche eine Stärkung des Immunsystems benötigen oder vor grippalen Infekten geschützt werden sollen:

10 g Ackerschachtelhalm
10 g Malvenblüten
10 g Spitzwegerich
5 g Lindenblüten
5 g Holunderblüten
5 g Thymian
5 g Fenchelfrüchte

Die Mischung wird aus getrockneten Kräutern hergestellt und ergibt 50 g.
Zwei Teelöffel dieser Kräuter werden mit 250 ml kochendem Wasser übergossen. Lassen Sie die Kräuter 15 Minuten ziehen, bevor Sie diese abseihen und über das Futter geben.

Eine weitere Teemischung, welche das Immunsystem stärkt, besteht aus:
30 g Kamillenblüten
20 g Huflattichblätter

15 g Arnikablüten
15 g Salbeiblätter
20 g getrocknete Heidelbeeren
15 g Lindenblüten
15 g Thymian
20 g Brennnesseln
20 g Dill
15 g Weißdorn
15 g Blutwurz

Die Mischung wird aus getrockneten Kräutern hergestellt und ergibt 200 g.
Zwei Teelöffel dieser Kräuter werden mit 250 ml kochendem Wasser übergossen. Lassen Sie die Kräuter 10 Minuten ziehen, bevor Sie diese abseihen und über das Futter geben.

Husten- und Bronchial-Tee

10 g Fenchel
15 g Spitzwegerich
5 g Thymian
15 g Süßholzwurzel
5 g Schlüsselblumenblüten

Die Mischung wird aus getrockneten Kräutern hergestellt und ergibt 50 g.
Zwei Teelöffel dieser Kräuter werden mit 250 ml kochendem Wasser übergossen. Lassen Sie die Kräuter 15 Minuten ziehen, bevor Sie diese abseihen und über das Futter geben.

Blutreinigungs-Tee

Zur unterstützenden Anwendung beim Fellwechsel und einer Frühjahrskur ist diese Teemischung ebenfalls geeignet.

25 g Brennnesselblätter
25 g Löwenzahnkraut mit Wurzel
15 g Ackerschachtelhalm
15 g Birkenblätter
10 g Bohnenschalen
5 g Minze
5 g Ringelblumenblüten

Die Mischung wird aus getrockneten Kräutern hergestellt und ergibt 100 g.
Zwei Teelöffel dieser Kräuter werden mit 250 ml kochendem Wasser übergossen. Lassen Sie die Kräuter 10 Minuten ziehen, bevor Sie diese abseihen und über das Futter geben.
Die Kur sollte über 4 Wochen durchgeführt werden.

Entschlackungs-Tee

Dieser Tee hilft bei der Ausscheidung von Stoffwechselprodukten und dient der Entgiftung und Reinigung des Körpers.

20 g Brennnesselblätter
20 g Birkenblätter
30 g Löwenzahnwurzeln und -kraut
20 g Ingwerwurzel
10 g Zimtrinde

Die Mischung wird aus getrockneten Kräutern hergestellt und ergibt 100 g.
Zwei Teelöffel der Kräuter werden mit 250 ml kochendem Wasser übergossen. Lassen Sie die Kräuter 8 Minuten ziehen, bevor Sie diese abseihen und über das Futter geben.
Die Kur sollte maximal vier Wochen dauern und zweimal im Jahr durchgeführt werden.

Tee bei Conjunctivitis

Dieser Tee hilft sehr gut bei einer Augenentzündung.
Zur äußerlichen Anwendung eignet sich diese Kräutermischung:

25 g Augentrost
10 g Fenchel (zerstoßen)

Zwei Teelöffel getrockneter Kräuter werden mit 250 ml kochendem Wasser übergossen. Lassen Sie die Kräuter 15 Minuten ziehen, danach werden sie abgeseiht. Spülen Sie die Augen zweimal am Tag mit diesen Tee, bis die Beschwerden vorbei sind (evtl. auch ein bis zwei Tage länger).

Blasen- und Nieren-Tee

Dieser Tee hilft den Nieren durch milde Anregung der Blutversorgung, die anfallenden Stoffwechselschlacken über die Blase auszuscheiden.

20 g Löwenzahnwurzeln und –kraut
10 g Ackerschachtelhalm
10 g Hagebutten mit Kernen (!)
10 g Pfefferminzblätter
10 g Bohnenschalen
10 g Brennnesselblätter
25 g Bärentraube
5 g Birkenblätter
10 g Goldrute
10 g Wacholderbeeren

Die Mischung wird aus getrockneten Kräutern hergestellt und ergibt 120 g.
Zwei Teelöffel dieser Kräuter werden mit 250 ml kochendem Wasser übergossen. Lassen Sie die Kräuter 10 Minuten ziehen, bevor Sie sie abseihen und über das Futter geben.

Leberreinigungs-Tee

25 g Löwenzahnwurzeln
5 g Eichenrinde
20 g Mariendistelsamen
20 g Süßholzwurzel
20 g Artischockenkraut
20 g Yamswurzel

Die Mischung wird aus getrockneten Kräutern hergestellt und ergibt 110 g.

Zwei Teelöffel dieser Kräuter werden mit 250 ml kochendem Wasser übergossen. Lassen Sie die Kräuter 10 Minuten ziehen, bevor Sie sie abseihen und über das Futter geben.

Diabetes mellitus Tee

Diabetes mellitus ist eine chronische Stoffwechselerkrankung, die zu einem erhöhten Blutzuckerspiegel führt. Mit folgender Teemischung können Sie die Therapie unterstützen.

10 g Tausendgüldenkraut
40 g Birkenblätter
35 g Bärlappblätter
30 g Bohnenhülsen
30 g Brennnesselblätter
5 g Zimtrinde

Die Mischung wird ebenfalls aus getrockneten Kräutern hergestellt und ergibt 150 g.

Zwei Teelöffel dieser Kräuter werden mit 250 ml kochendem Wasser übergossen. Lassen Sie die Kräuter 10 Minuten ziehen, bevor Sie sie abseihen und über das Futter geben.

Tee gegen Magengeschwüre

Ein Tee, welcher sich bei Magenschleimhautentzündungen und Magengeschwüren bewährt hat, besteht aus:

10 g Beinwellwurzeln
10 g Vogelknöterich
10 g Spitzwegerich
10 g Ringelblumen
10 g Bockshornkleesamen
10 g Sanikelblätter

Die Mischung wird aus getrockneten Kräutern, Samen und Wurzeln hergestellt und ergibt 60 g.

Geben Sie einen Teelöffel der Teemischung in eine Tasse mit kochendem Wasser, lassen Sie diese abgedeckt 5 Minuten ziehen, bevor Sie sie abseihen und über das Futter geben.
Achtung! Der Tee sollte nicht länger als eine Woche zur Anwendung kommen.

Tee bei empfindlichem Magen

Wenn Ihr Hund sich schnell erbricht, hat sich folgende Teemischung bewährt:

20 g Tausendgüldenkraut
50 g zerstoßene Kümmelfrüchte
40 g Kamillenblüten
40 g Pfefferminzblätter

Die Mischung wird aus getrockneten Kräutern und Samen hergestellt und ergibt 150 g.

Geben Sie zwei Teelöffel der Teemischung in eine Tasse mit kochendem Wasser und lassen diese abgedeckt 10 Minuten ziehen, bevor Sie sie abseihen und über das Futter geben.

Durchfall-Tee

Durchfall ist keine Erkrankung, sondern ein Symptom, ein Hilfeschrei des Körpers. Ursachen hierfür können bakterielle oder virale Infektionen, Mykosen, Parasitenbefall, Umweltgifte oder auch psychische Einflüsse sein. Diese sollten natürlich abgeklärt werden.
Bei einer Durchfallerkrankung (Diarrhoe) handelt es sich um eine akute oder chronische Produktion von wässrigem Stuhl. Durchfälle können mit oder ohne Vermehrung der Kotmenge einhergehen. Während bei Dickdarmerkrankungen jeweils kleine Mengen Kot öfters abgesetzt werden, führen Dünndarmerkrankungen zum Absatz großer Kotmengen.

15 g Heidelbeere
15 g Bohnenkraut
15 g Brombeerblätter
10 g Rosmarin
20 g Kamilleblüten
5 g Eichenrinde
10 g Blutwurzwurzel
10 g Tausendgüldenkraut

Die Mischung wird aus getrockneten Kräutern, Wurzeln, Beeren und Rinde hergestellt und ergibt 100 g.

Ein Esslöffel dieser Kräuter wird mit 250 ml kochendem Wasser übergossen. Lassen Sie die Kräuter 10 Minuten ziehen, bevor Sie sie abseihen und portionsweise über das Futter geben.

Geburtsvorbereitungs-Tee

Besonders für Hündinnen geeignet, welche das erste Mal gebären oder schon eine Geburt mit Komplikationen hinter sich haben.

50 g Brennnesselblätter
50 g Himbeerblätter
50 g Frauenmantelkraut
50 g Melissenblätter
50 g Schafgarbenkraut
25 g Johanniskraut
25 g Ackerschachtelhalmkraut

Die Mischung wird aus getrockneten Blättern hergestellt und ergibt 300 g.
Ein Esslöffel dieser Kräuter wird mit 250 ml kochendem Wasser übergossen. Lassen Sie die Kräuter 10 Minuten ziehen, bevor Sie sie abseihen und portionsweise über das Futter geben.
Die Kur sollte 8 bis 10 Tage vor dem errechneten Geburtstermin begonnen werden.

Milchbildungstee

20 g Fenchel
20 g Anissamen

20 g Schwarzkümmel
20 g getrocknete Brennnesselblätter
20 g Dill
20 g Melisse
20 g Majoran
20 g Bockshornkleesamen

Der Tee wird aus getrockneten Früchten und Blättern hergestellt und ergibt 160 g.
Die Samen werden mit einem Mörser leicht zerstoßen. Mischen Sie alles zusammen und verschließen Sie es in einem luftdichten Gefäß.

Ein Esslöffel dieser Kräuter wird mit 250 ml kochendem Wasser übergossen. Lassen Sie die Kräuter 10 Minuten ziehen, bevor Sie sie abscihen und portionsweise über das Futter geben.
Der Tee sollte ab dem Tag der Geburt gegeben werden.

Beruhigungstee

Dieser Tee ist besonders für Hunde geeignet, welche allgemein sehr unruhig und nervös sind.

40 g Baldrianwurzel
15 g Hopfenzapfen
20 g Lavendelblüten
15 g Melissenblätter
5 g Süßholzwurzel
5 g Ringelblumenblüten
5 g Fenchelsamen

Die Mischung wird aus getrockneten Kräutern hergestellt und ergibt 105 g.
Zwei Teelöffel der Kräuter werden mit 250 ml kochendem Wasser übergossen. Lassen Sie die Kräuter 10 bis 15 Minuten ziehen, bevor Sie diese abseihen und über das Futter geben.

Tee zur Herzkräftigung / Altersherz

Weißdorn ist die beste Pflanze für Herz und Kreislauf. Schon in mittelalterlichen Büchern wird sie als Kraut geführt, welches das Herz stärkt. Dessen Wirkung ist mild und kann sogar als Dauermedikation eingesetzt werden. Weißdorn hilft bei Herzmuskelschwäche, reguliert den Blutdruck, hilft sogar bei stressbedingten Herzrhythmusstörungen und wird erfolgreich nach Herzinfarkten eingesetzt. Weißdornblüten wirken zudem noch leicht entwässernd. Weißdorn wirkt beruhigend, durchblutungsfördernd und gefäßerweiternd.
Ackerschachtelhalmkraut, auch Zinnkraut genannt, wirkt hauptsächlich blutreinigend, blutstillend, entzündungshemmend, harntreibend und ist ein wichtiger Bestandteil des Teegemischs, wenn man die Erkrankung ganzheitlich betrachtet. Ödeme und Wassereinlagerungen im Körper werden beseitigt und die Durchblutung gefördert.

25 g Weißdornblüten
10 g Weißdornblätter
15 g Ackerschachtelhalmkraut
10 g Schafgarbenkraut

Die Mischung wird aus getrockneten Kräutern hergestellt und ergibt 50 g.

Von dem Gemisch geben Sie einen Teelöffel mit einer großen Tasse Wasser in einen Topf und lassen dieses drei Minuten aufkochen, danach lassen Sie es noch 15 Minuten ziehen. Nachdem der Tee abgekühlt ist, geben Sie ihn über den Tag verteilt in die Mahlzeiten Ihres Hundes. Führen Sie das als Monatskur durch, danach halten Sie eine mehrwöchige Pause ein und geben ihm wieder eine Monatskur des Tees. Sie können das beliebig wiederholen.
In den Pausen können Sie einen reinen Weißdorntee zubereiten. Hierfür geben Sie jeweils einen Esslöffel Blüten und Blätter auf 250 ml kochendes Wasser und lassen es 20 Minuten ziehen. Dies ist aber nicht zwingend, nur eine Möglichkeit, wenn man keine Pause einlegen möchte oder kann.

Arthrose-Tee

Vor allem wenn Ihr Hund nach einer Ruhephase schwer aufstehen kann und sich erst einlaufen muss, besteht der Verdacht einer Arthrose. Die Symptome verschlimmern sich durch nass-kaltes Wetter. Diese Teemischung ist ideal bei diesen Beschwerden.

25 g Teufelskrallenwurzel
25 g Brennnessel
25 g Weidenrinde
5 g Ackerschachtelhalm
5 g Rosmarin
5 g Wacholderbeeren
10 g Löwenzahn

Die Mischung wird aus getrockneten Kräutern, Wurzeln, Beeren und Rinde hergestellt und ergibt 100 g.

Ein Esslöffel der Kräuter wird mit 250 ml kochendem Wasser übergossen. Lassen Sie die Kräuter 10 Minuten ziehen, bevor Sie sie abseihen und portionsweise über das Futter geben.

Tipp:
Fertigmischungen in Pulverform lassen sich sehr gut mit einem **Teefilter aus Spezialpapier** abseihen.

Schlusswort

Liebe Hundefreunde,

ich hoffe, Ihnen mit dem vorliegenden Buch einen hilfreichen Ratgeber an die Hand zu geben, wie Sie die natürlichen Heilkräfte aus Kräutern und Gewürzen in Heiltees für Ihren Hund nutzbar machen können. Ich habe versucht, einen alltagstauglichen Praxisleitfaden zu schaffen, der Ihnen zeigt, mit welchen Kräutern Sie bei welchen Erkrankungen Ihren Hund am besten unterstützen, seine Schmerzen lindern und für sein Wohlbefinden sorgen können. Außerdem möchte ich Ihnen auf diesen Seiten näher bringen, welche Kräuter sich bei welchen Erkrankungen in einem Tee gut kombinieren lassen.

Mittlerweile gibt es die in diesem Buch vorgeschlagenen Tee-Kombinationen als fertige Teemischungen für Hunde von der Firma CD-Vet. Es gibt auch Teemischungen von anderen Anbietern, jedoch in einer anderen Zusammensetzung.

Ich hoffe, mit diesem Buch für eine bessere Lebensqualität Ihres Hundes beizutragen und wünsche ihm ein langes und vor allem gesundes Leben.

Gegen Vieles ist ein Kraut gewachsen – also nicht abwarten, sondern gleich Tee trinken!

Abbildungsverzeichnis

Cover-Fotografien | Andreas Waldschütz, waldschuetz.com

Fotografen

Sylvia Esch-Völkel | 18, 23, 26, 32, 34, 35, 40, 42, 43, 44, 52, 53, 55, 56, 58, 60, 62, 64, 66, 68, 69, 71, 73, 75, 76, 78, 79, 81, 86, 87, 89, 91, 92, 95, 96, 97, 98, 100, 102, 104, 105, 108, 109, 111, 113, 114, 115, 116, 118, 121, 122, 124, 126, 127, 129, 133, 134, 138, 140, 141, 143, 144, 146, 148, 149, 152, 154, 156, 157, 159, 160, 162, 166, 167, 169, 173, 181, 183, 196, 198

Rühlemann's Kräuter- und Duftpflanzen, Horstedt | 36, 38, 136

Jacqueline Schumacher | 10, 30, 48, 131

Daniela Toman | 46, 50, 83, 85, 93, 120, 151, 164

Illustrationen

Mario Esch | 25, 175

Models

Border Collies Jan, Solo und Blair | Cover
Mischlingshund Burbix | 18
Golden Retriever Gina | 198
Denise Esch | 198

Literaturverzeichnis

Bruno Vonarburg: »Das Kräuterjahr«, Gräfer und Unzer, München 1983.

Max Wichtl (Hrsg.): »Teedrogen«, Wissenschaftliche Verlagsgesellschaft mbH, Stuttgart 1984.

Mannfried Pahlow: »Das große Buch der Heilpflanzen«, Gräfe und Unzer, München 1993.

Georg Fischer/Erich Krug: »Heilkräuter und Arzneipflanzen«, Haug VMA-Verlag, Wiesbaden 1997.

Wolfgang Möhring: »Das große Buch der Heiltees«, Südwest Verlag, München 1998.

C. Focks/N. Hillenbrand: »Leitfaden Traditionelle Chinesische Medizin«, Urban & Fischer Verlag, München 2000.

Sylvia Esch: »Hunde – Mit Farben heilen«, Kalidor-Verlag, Schönefeld 2005.

Ulrike Bültjer: »Lexikon der Kräuter & Gewürze«, Bassermann Verlag, München 2006.

Ulrike Schöber/Dr. med. Eberhard J. Wormer: »Das große Teebuch. Genuss – Wohlbefinden – Gesundheit«, Helmut Lingen Verlag, Köln 2007.

Sylvia Esch-Völkel: »Buntes für den Hund«, Kalidor-Verlag, 2., erweiterte Auflage, Schönefeld 2014.